21世纪高职高专规划教材

计算机应用系列

计算机辅助设计
——AutoCAD教程

白春红　主　编

雷玉梅　王　东　李姝博　副主编

清华大学出版社

北　京

内 容 简 介

本书以 AutoCAD 2011 为基础，通过大量精选的实例，围绕工程图样设计、产品造型设计，详细介绍了 AutoCAD 的基本功能、新特性及使用方法与技巧。结合实际应用还增加了图纸集、图形输出等内容。

本书共 11 章，包括基础操作、基本绘图方法、图形编辑方法、图层、表格与文字、尺寸标注、块、图形输出、三维绘图及综合实例等内容。本书列举了不同专业的绘图设计实例，包括建筑、机械、园林园艺等相关专业图形。在实例中，给出了详细操作顺序和解题要点，对绘图中的一些技巧给予特别说明，侧重于动手实践和实际应用。

本书可作为各高等院校 AutoCAD 基础教程及培训班的学习教材和建筑类、机械类及农业类各专业的计算机绘图教材，也可供相关工程技术人员参考。

图书在版编目（CIP）数据

计算机辅助设计：AutoCAD 教程/白春红主编. --北京：清华大学出版社，2013
21 世纪高职高专规划教材. 计算机应用系列
ISBN 978-7-302-32353-2

Ⅰ. ①计…　Ⅱ. ①白…　Ⅲ. ①AutoCAD 软件－高等职业教育－教材　Ⅳ. ①TP391.72

中国版本图书馆 CIP 数据核字（2013）第 093459 号

责任编辑：孟毅新
封面设计：傅瑞学
责任校对：刘　静
责任印制：宋　林

出版发行：清华大学出版社
　　　网　　　址：http://www.tup.com.cn，http://www.wqbook.com
　　　地　　　址：北京清华大学学研大厦 A 座　　　　邮　　编：100084
　　　社　总　机：010-62770175　　　　　　　　　　邮　　购：010-62786544
　　　投稿与读者服务：010-62776969，c-service@tup.tsinghua.edu.cn
　　　质　量　反　馈：010-62772015，zhiliang@tup.tsinghua.edu.cn
　　　课　件　下　载：http://www.tup.com.cn，010-62795764
印　装　者：三河市金元印装有限公司
经　　　销：全国新华书店
开　　　本：185mm×260mm　　　印　　张：12.75　　　字　　数：288 千字
版　　　次：2013 年 7 月第 1 版　　　　　　　　　　印　　次：2013 年 7 月第 1 次印刷
印　　　数：1～3000
定　　　价：26.00 元

产品编号：048584-01

前　言

本书以 AutoCAD 2011 为基础，通过大量精选的实例，围绕工程图样设计和产品造型设计，介绍绘图、图形编辑和实体造型等命令，并讲述了灵活运用这些命令绘制各类图形的方法。

本书共分 11 章，第 1、2 章是基本操作和概述；第 3～8 章介绍常用绘图、编辑等命令；第 9 章讲述绘制工程图并输出；第 10、11 章为三维造型及实例。

本书内容编排新颖，列举较多绘图设计实例，并给出详细操作顺序和解题要点，以实例驱动，注重动手实践和实际应用，指导读者采用正确、简捷的绘图方法。

本书共有以下特色。

（1）适用范围较广。对于初学者，不需要预备知识就能直接学习、快速入门；对于有一定 CAD 基础的人员，通过学习本教材，能使 CAD 设计技能得到较大提高。

（2）内容符合教学要求。在符合教育部教学指导委员会制定的教学基本要求的基础上，充分反映学科的新发展、新要求，增加新技术、新知识、新工艺的介绍，减少陈旧内容。由浅入深，以实例驱动，能激发读者的学习兴趣。

（3）精心挑选实例，传授知识与技能并重，不但把各命令要点讲解清楚，而且指导读者采用正确、简捷的设计方法。

（4）借鉴了先进教学理念和方法，能更好地加深对各类命令的理解和掌握，使绘图更加快速和准确。

（5）结构体系合理。根据各类别、各层次院校的教学特点，贯穿科学的教学方法与工程实践，体系设计更加科学、合理，满足教学适用性。

本书由白春红任主编，雷玉梅、王东、李姝博任副主编，具体分工如下：白春红编写第 1、2、3、9 章，雷玉梅编写第 4、5、6 章，王东编写第 7、8 章，李姝博编写第 10、11 章，刘洋编写附录及整理材料。

由于编者水平有限，书中难免存在不足之处，敬请专家和广大读者批评指正。

编　者

2013 年 5 月

目　录

第 1 章　概述 ……………………………………………………………………… 1

1.1　AutoCAD 系统与工程设计软件 ……………………………………………… 1

1.2　AutoCAD 2011 的新增功能 …………………………………………………… 2

1.3　AutoCAD 2011 工作环境介绍 ………………………………………………… 3

1.4　AutoCAD 2011 安装与启动 …………………………………………………… 4

1.5　本章小结 ………………………………………………………………………… 7

1.6　复习思考题 ……………………………………………………………………… 8

第 2 章　AutoCAD 2011 基本操作 ………………………………………………… 9

2.1　文件操作 ………………………………………………………………………… 9

2.2　命令与命令选项的输入方式 ………………………………………………… 11

2.3　设置绘图环境 ………………………………………………………………… 11

2.4　辅助绘图工具 ………………………………………………………………… 13

2.5　视图显示控制 ………………………………………………………………… 19

2.6　本章小结 ……………………………………………………………………… 21

2.7　复习思考题 …………………………………………………………………… 21

第 3 章　基本绘图命令 …………………………………………………………… 22

3.1　坐标系及坐标输入 …………………………………………………………… 22

3.2　线的绘制 ……………………………………………………………………… 24

3.3　绘制圆弧类图形 ……………………………………………………………… 30

3.4　多边形的绘制 ………………………………………………………………… 34

3.5　点的绘制 ……………………………………………………………………… 36

3.6　图案填充和渐变色 …………………………………………………………… 38

3.7　本章小结 ……………………………………………………………………… 41

3.8　复习思考题 …………………………………………………………………… 41

第4章　二维图形的编辑 ··· 43

4.1　对象选择集的设定 ··· 43

4.2　图形的编辑 ··· 44

4.3　多段线编辑 ··· 62

4.4　多线编辑 ··· 63

4.5　夹点编辑 ··· 66

4.6　对象特性编辑 ··· 68

4.7　本章小结 ··· 69

4.8　复习思考题 ··· 69

第5章　图层与对象特性 ··· 72

5.1　图层的创建与应用 ·· 72

5.2　对象特性的控制 ·· 74

5.3　管理图层 ·· 76

5.4　本章小结 ·· 82

5.5　复习思考题 ·· 82

第6章　文字标注和表格 ··· 84

6.1　设置文字样式 ·· 84

6.2　标注控制码与特殊字符 ·· 86

6.3　文字标注 ·· 86

6.4　设置表格样式 ·· 90

6.5　创建和编辑表格 ·· 91

6.6　本章小结 ·· 96

6.7　复习思考题 ·· 96

第7章　尺寸标注 ··· 98

7.1　设置尺寸标注样式 ·· 98

7.2　各类尺寸的标注样式 ·· 99

7.3　编辑尺寸标注 ··· 107

7.4　本章小结 ··· 119

7.5　复习思考题 ··· 119

第8章　创建和使用块 ··· 120

8.1　块的创建与编辑 ··· 120

8.2　带属性块的创建与编辑 ··· 123

8.3　本章小结 ··· 125

8.4　复习思考题 ··· 125

第 9 章 图形打印与输出 ……………………………………………………………… 126

9.1 模型空间与布局 ………………………………………………………… 126

9.2 图形输出设置 …………………………………………………………… 126

9.3 图纸集 …………………………………………………………………… 135

9.4 本章小结 ………………………………………………………………… 140

9.5 复习思考题 ……………………………………………………………… 140

第 10 章 三维绘图 …………………………………………………………………… 143

10.1 三维绘图基础 …………………………………………………………… 143

10.2 简单三维图形的绘制 …………………………………………………… 148

10.3 三维曲面的创建 ………………………………………………………… 150

10.4 三维实体造型 …………………………………………………………… 154

10.5 三维实体编辑 …………………………………………………………… 161

10.6 三维实体的视觉样式与渲染 …………………………………………… 166

10.7 本章小结 ………………………………………………………………… 171

10.8 课后实训 ………………………………………………………………… 172

第 11 章 三维制图实例 ……………………………………………………………… 175

11.1 绘制建筑室外效果图 …………………………………………………… 175

11.2 绘制三维机械零件图 …………………………………………………… 188

11.3 本章小结 ………………………………………………………………… 190

附录 AutoCAD 快捷键命令大全 ………………………………………………… 191

参考文献 ……………………………………………………………………………… 194

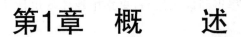

第1章 概 述

教学目标：

本章讲解 AutoCAD 在各行业的主要用途，并介绍 AutoCAD 系统和在 AutoCAD 系统上开发的各类设计软件之间的相互关系，同时介绍 AutoCAD 2011 新增功能、安装 AutoCAD 2011 时软硬件系统需求和安装方法。

1.1 AutoCAD 系统与工程设计软件

计算机软件水平和硬件性能的提高，促进了 CAD(Computer Aided Design，计算机辅助设计)技术不断深入、广泛的发展，在建筑、机械、电子、石油化工等各个领域，计算机辅助设计手段对于充分发挥广大工程技术人员的创造能力、提高工作效率起到了其他设计手段所无法替代的作用。

初学者对于计算机绘图的功能和作用可能并不十分了解，它究竟在设计工作中扮演什么样的角色呢？简单地说，计算机绘图就是利用计算机的显示屏来代替手工绘图中所使用的图板和纸，用鼠标来替代尺、笔、颜料。从这一点上看，使用计算机绘图可以大大地改善用户的作图环境，而更重要的是，由于计算机具有速度快、精度高、存储容量大等特点，所以使用计算机进行辅助设计可极大地提高设计者的作图速度和精度，避免重复性劳动，更有利于图纸的管理，从而使整个设计水平达到一个新的台阶。

鉴于计算机辅助设计的巨大市场，众多的软件开发商发行了形形色色的各类设计软件，其中美国 Autodesk 公司开发的 AutoCAD 软件包就是著名的 CAD 软件之一，它自 1982 年起，从早期 DOS 平台上的 AutoCAD V1.0 到能够畅通运行在 Windows 平台的 AutoCAD 2011，其间做了十几次重大修改，功能不断提高，操作环境日臻完善，由简单的二维绘图发展到现在集三维设计、彩色渲染、数据库管理为一体的大型设计平台。

随着 CAD 技术的迅速发展，国内基于 AutoCAD 系统平台的各种专业设计软件层出不穷(如建筑设计中的天正建筑、ABD，装饰设计中的圆方、中望，机械设计中的清华宏升、广东高华等)，这些软件以直观的中文操作界面和熟悉的专业术语，为广大的专业设计人员带来很大方便。这就难免会使许多初学者产生疑问，既然已经有了这些专业软件，为什么还要单独学习 AutoCAD？为此有必要在讲解 AutoCAD 课程之前谈谈 AutoCAD 系统与各类专业软件之间的关系问题。

与 AutoCAD 系统相比较，所有的专业设计软件都具有两大特点：一是将 AutoCAD 系统所提供的基本功能专业化、术语化(例如在 AutoCAD 系统中所绘制的一个简单的圆,可视为建筑设计中的圆柱、装饰设计中的圆茶几、机械设计中的轴端面),再配以与专业设计适应的操作界面,使计算机的作图过程与平时的设计习惯紧密结合,从而使设计人员倍感亲切,更容易为人们所接受;二是利用 AutoCAD 或其他系统所提供的程序语言把一些复杂的操作程序化,使作图效率得到极大提高,更集中地体现出计算机辅助设计快速高效的特点。

但同时这些专业软件也有其局限性:首先,由于许多专业设计软件都是在 AutoCAD 系统平台上二次开发而成的,因而它们所具有的大多数功能都必须依靠 AutoCAD 系统支撑,离开了 AutoCAD 系统就无法运行,甚至无法安装;其次,专业软件的开发必然会受到开发者计算机知识水平和专业知识水平的影响,用户在使用这些软件从事设计工作时,只能按照软件所规定的套路按部就班地进行,设计思想和设计过程必将受到极大束缚,使自己的设计水平难以得到充分发挥;再次,任何专业软件都不可能解决设计过程中可能遇到的所有问题,它能够快速方便地为用户处理一些主要的和常见的问题,但对于一些基础的、特殊的和随意性较强的工作还必须依靠 AutoCAD 系统本身所提供的功能来完成。事实上,当用户对 AutoCAD 系统的掌握到一定熟练程度时,很多专业设计中的问题直接使用 AutoCAD 系统来解决比专业设计软件更加快捷、灵活,只是由于大多数的计算机用户对 AutoCAD 系统知识在深度和熟练程度上掌握不够而暂时没有这样的体会。

鉴于上述 AutoCAD 系统与专业设计软件的关系以及它们各自的特点,用户学习的指导思想如下:深入扎实地打好 AutoCAD 基本功,熟练掌握专业软件的使用,二者取长补短,高效高质地进行计算机辅助设计工作。

1.2 AutoCAD 2011 的新增功能

1. 用户界面

应用程序菜单包括访问常用工具、搜索命令和浏览文档。通过应用程序菜单可快速创建图形、打开现有图形、保存图形、打印图形、发布图形、退出 AutoCAD 等,也可以在快速访问工具栏、应用程序菜单和功能区中执行搜索命令,还可以显示、排序和访问最近打开的 AutoCAD 文件。

2. 三维建模

三维建模包括自由形式设计和三维打印。

自由形式设计提供了多种新的建模技术,帮助用户创建和修改样式更加流畅的三维模型。三维打印是在短时间内创建三维模型的真实且准确的原型的过程,还可以将三维模型直接发送、使用三维打印机创建开放原型或无间隙原型,节约时间和成本。

3. 参数化图形

通过参数化图形,用户可以为二维几何图形添加约束,决定对象彼此间的放置位置及其标注等的关联和限制,是一项用于具有约束设计的技术。

例如,如果一条直线被约束为与圆弧相切,更改该圆弧的位置时将自动保留切线。

4．动态块

增强的动态块,在动态块定义中使用几何约束和标注约束以简化动态块创建。这种基于约束的控件动态块适用于输入尺寸或部件号来插入。

5．PDF 和输出

简化发布布局和图纸的流程,并对发布进行更改,可以将 PDF 文件附着到图形作为参考底图。通过"输出到"面板可以快速访问用于输出模型空间中的区域或将布局输出为 DWF、DWFX 或 PDF 文件的工具。

6．自定义与设置

通过自定义用户界面(GUI)编辑器的"传输"选项卡,可以将在 AutoCAD 2011 中创建的自定义面板转换为功能区面板。自定义和控制快速访问工具栏相对于功能区的方向得到增强,可以将功能区选项卡指定为功能区上下文选项卡状态,以控制在图形窗口中选择对象时或激活命令时显示的功能区面板。

在初始设置中,可以在 AutoCAD 安装完成后执行 AutoCAD 的某些基本自定义和配置功能。

7．生产力增强功能

在"清除"、"测量"、"视口"、"图纸集"等方面增强了功能,如通过 PURGE 命令从除了块或锁定图层中删除未命名的对象(长度为零的几何图形或空文字和多行文字对象)。通过 MEASUREGEOM 命令可获取选定对象的几何信息,如距离、半径、角度和体积,而无须使用多个命令。

使用夹点修改边界和图案填充对象。检测无效的图案填充边界,并显示红色圆,从而有助于用户查找和修复图案填充边界。

通过许可证转移实用程序,用户可在多台计算机上使用同一件 Autodesk 产品,而无须购买额外的许可。

通过动作宏管理器,可以查找和管理保存的动作宏文件。

1.3　AutoCAD 2011 工作环境介绍

其具体硬件工作环境需求如下。

(1) 32 位 AutoCAD Electrical 系统需求 Microsoft Windows XP 家庭或专业版(SP2 或更高版本)或 Microsoft Windows Vista(SP1 或更高版本),包括企业版、商用版、旗舰版以及家庭高级版。

面向 Windows XP：支持 SSE2 技术的英特尔奔腾或 AMD 速龙双核处理器(1.6GHz 或更高主频)。面向 Windows Vista：支持 SSE2 技术的英特尔奔腾 4 或 AMD 速龙双核处理器(3.0GHz 或更高主频)2GB 内存。

安装需要 2.8GB 可用磁盘空间(在没有安装.NET 的干净系统中需要 3.4GB)、1280×1024 真彩色显示器。

Microsoft Internet Explorer 7.0 或更高版本兼容微软鼠标的指点设备下载或通过 DVD 盘安装。

(2) 三维建模的额外系统需求英特尔奔腾 4 处理器或 AMD Athlon 处理器(3GHz 或更高主频);英特尔或 AMD 双核处理器(2GHz 或更高主频)、2GB 或更大内存、2GB 可用磁盘空间(不包括安装所需空间)、1280×1024。32 位彩色视频显示适配器(真彩色),工作站级显卡(具有 128 MB 或更大内存、支持 Direct3D)。

1.4　AutoCAD 2011 安装与启动

1. AutoCAD 2011 的安装

(1) 在光盘上找到 Setup.exe 文件并执行。

(2) 进入安装界面(图 1-1、图 1-2)。

图 1-1　安装界面

(3) 接受许可协议(图 1-3)。

(4) 在"序列号"对话框中输入正确的软件序列号(图 1-4)。

(5) 系统配置,选择安装路径(图 1-5、图 1-6)。

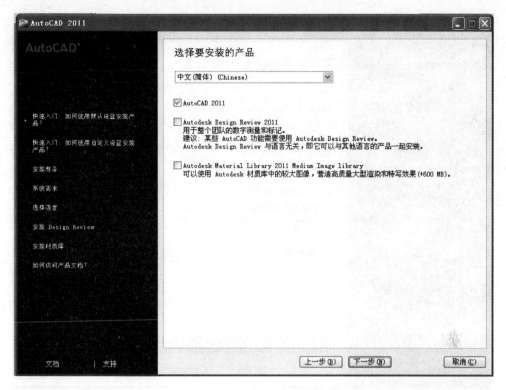

图 1-2 开始安装产品

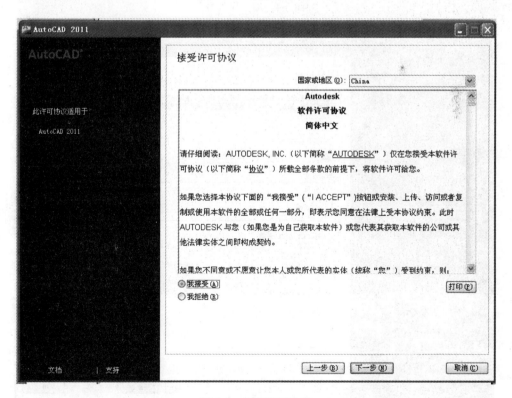

图 1-3 接受许可协议

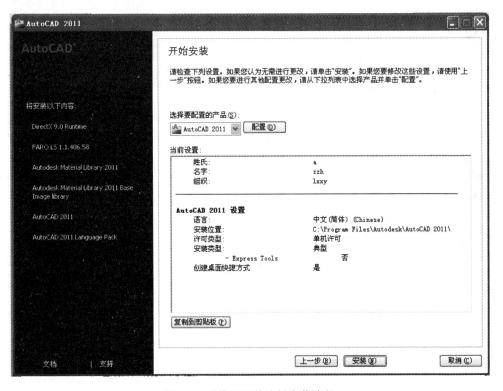

图 1-4   输入序列号

图 1-5   系统配置并选择安装路径

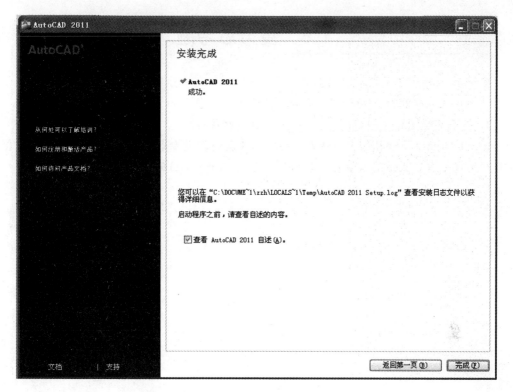

图 1-6　安装完成

2．AutoCAD 2011 的启动

（1）桌面快捷方式

在 AutoCAD 2011 安装完毕后，Windows 桌面上将添加一个快捷方式，双击快捷方式图标即可启动 AutoCAD 2011。

（2）打开 DWG 类型文件的方式

在已安装 AutoCAD 2011 软件的情况下，通过双击已建立的 AutoCAD 图形文件（＊.dwg）可启动 AutoCAD 2011 并打开该文件。

（3）开始菜单方式

当 AutoCAD 2011 安装完毕后，Windows 系统的"开始/程序"程序组里将创建一个名为 AutoCAD 2011 的程序组，选择 AutoCAD 2011 选项即可启动 AutoCAD 2011。

1.5　本章小结

本章介绍了 AutoCAD 系统以及它在多个行业中的广泛应用，同时讲解了 AutoCAD 2011 的新增功能、AutoCAD 2011 的工作环境，包括计算机系统的软硬件要求，此外为读者提供 AutoCAD 2011 安装和启动方法。

1.6　复习思考题

1．AutoCAD 2011 的主要新功能有哪些?

2．AutoCAD 2011 被广泛地应用在哪些行业?

3．与手工绘图相比较,计算机绘图主要有哪些优点?

4．AutoCAD 系统和在 AutoCAD 系统上开发的各类专业设计软件存在什么样的相互关系?为什么有了大量的专业设计软件还要学习 AutoCAD 的基础知识?

第2章 AutoCAD 2011基本操作

教学目标:

本章重点讲解 AutoCAD 2011 的一些基本操作、设置绘图环境、辅助绘图工具和 AutoCAD 文件的操作、命令与命令选项的输入方式等。通过本章的学习,为读者绘制图形做好准备,能够灵活地应用这些工具进行精确绘制图形。

2.1 文 件 操 作

在 AutoCAD 中,文件的基本操作包括新建、打开和保存,用户可以很容易地在工具栏中找到并执行这些命令。

1. 新建图形文件

单击标准工具栏上的 ▢ 按钮,弹出"选择样板"对话框(图 2-1),选择相应的样板,然后单击"打开"按钮,即可新建图形文件。

图 2-1 "选择样板"对话框

注意: AutoCAD 样板文件的扩展名为 .dwt。初学者通常使用 acadiso.dwt 样板文件即可,还有一些带有图框、标题栏等常用图形对象的样板文件,用户可以根据需要选择使用。

2. 打开图形文件

单击标准工具栏上的 按钮,弹出"选择文件"对话框(图 2-2),选择要打开的图形文件,单击"打开"按钮。

图 2-2 "选择文件"对话框

3. 保存图形文件

单击标准工具栏上的 按钮,弹出"图形另存为"对话框(图 2-3),选择保存的路径,并设置文件名称,然后单击"保存"按钮完成图形文件的保存。

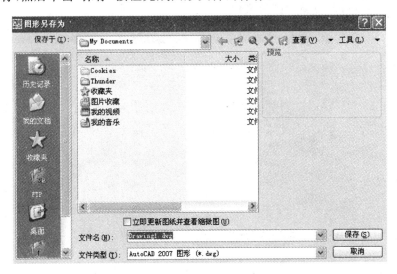

图 2-3 "图形另存为"对话框

注意:如果图形文件是第一次保存,则选择"保存"命令,若图形文件已经保存过,要以新的文件名或者新的路径重新保存,则需要选择"另存为"命令。

2.2　命令与命令选项的输入方式

在 AutoCAD 中,用户只须按 F2 键,打开命令行窗口,在窗口中输入指定的命令即可,其中有一些命令具有缩写的名称,又称作命令别名,这时只要在命令行中输入命令别名,同样可以执行相应的命令。此外,有些命令还需要通过参数对所绘制的图形进行精确设定,用户可根据命令行窗口中提示的命令选项输入选项的代码,实现图形参数的设置。在命令执行的过程中,若要终止命令,则可通过按 Esc 键或右击弹出快捷菜单选择"取消"项均可。

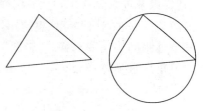

【例 2-1】　绘制经过三角形 3 个顶点的圆,如图 2-4 所示。

图 2-4　三角形外接圆

具体操作如下。打开命令行窗口,输入绘制圆的命令。

```
CIRCLE↙                    //绘制圆的命令
指定圆的圆心或[三点(3P)/两点(2P)/相切、相切、半径(T)]: 3P↙        //选择命令选项三点绘制圆
指定圆上的第一个点:        //指定三角形的顶点为圆上的点
指定圆上的第二个点:        //指定三角形的顶点为圆上的点
指定圆上的第三个点:        //指定三角形的顶点为圆上的点
```

注意:

- 在命令行窗口中,右击弹出快捷菜单,菜单中会显示用户最近使用过的 6 个命令,用户可以通过选择重复使用这些命令。
- 当用户要查找命令时,在命令行中输入一个字母并按 Tab 键,可显示以该字母开头的所有命令。

2.3　设置绘图环境

通常情况下,利用 AutoCAD 绘图需要首先确定图纸界限、绘图比例、绘图单位等。在默认情况下,中文 AutoCAD 的绘图单位是 mm,绘图界限是 A3(420×297 绘图单位)图纸大小。

1. 设置绘图单位

根据不同的行业、不同国家的单位制,使用不同的度量单位。"图形单位"对话框设置绘图的长度单位、角度单位以及它们的精度,如图 2-5 所示,也可以说是设置状态栏上的坐标和角度的显示格式与精度。

设置绘图单位命令可通过以下几种方式调用。

(1) 选择"格式"→"单位"命令。

(2) 在命令行中输入 UNITS。

各选项说明如下。

（1）长度：在该选项组中，"类型"下拉列表框用于确定测量单位的当前格式，有分数、工程、建筑、科学和小数5种选择；"精度"下拉列表框用于设置长度单位的精度，根据需要从列表中选择即可。

（2）角度：该选项组用于确定图形的角度单位、精度以及正方向。"类型"下拉列表框用于设置当前的角度格式，有百分度、度/分秒、弧度、勘测单位和十进制度数5种选择；"精度"下拉列表框设置当前角度显示的精度，从对应的列表中选择即可；"顺时针"复选框确定角度的正方向，选中则顺时针为正方向，不选则逆时针为正方向。

（3）插入时的缩放单位：在"用于缩放插入内容的单位"下拉列表框中，可以选择设计中心块的图形单位，默认为厘米。

图 2-5 "图形单位"对话框

（4）输出样例：该区域用于显示说明当前单位和角度设置下的输出样例。

注意：

- 设置绘图单位并不等于自动设置尺寸标注的单位。
- 角度测量方位及方向影响坐标定位及角度测量，建议不要改动。

2．设置绘图界限

在世界坐标系下图形界限由一对二维点确定，输入它的左下角和右上角坐标即可。

（1）设置绘图界限命令可通过以下几种方式调用。

① 选择"格式"→"图形界限"命令。

② 在命令行中输入 LIMITS。

（2）执行 LIMITS 命令后提示如下。

指定左下角点或 [开(ON)/关(OFF)] < 0.0000,0.0000 >:

各选项说明如下。

① 左下角点：用户可在屏幕上选取一点作为图形界限矩形区域的左下角点，接着系统提示如下。

指定右上角点 <10.0000,7.0000>：　//通过指定的左下角点和右上角点来确定矩形图形界限

② [开(ON)/关(OFF)]：打开或关闭图形界限检查功能。

注意：

- 当设置绘图界限时，系统将输入坐标值的两点构成一个矩形区域，同时也确定了能显示栅格点的绘图区域。
- 图形界限检查只能检测绘图界限内的输入点，对象的某些部分可能会延伸出界限。
- 当启用图纸空间、图纸背景或边距被显示时，不能使用 LIMITS 命令设置绘图界限。在这种情况下，图形界限由布局按所选图纸尺寸自动计算出来并进行设置。

2.4 辅助绘图工具

AutoCAD 提供了精确绘图的辅助功能,包括捕捉、栅格、极轴追踪、对象捕捉、对象捕捉追踪、动态输入等,避免了用户进行烦琐的坐标计算和坐标输入。

1. 捕捉模式

捕捉是设置光标指针一次可以移动的最小间距。打开或关闭捕捉功能可以在应用程序状态栏中单击"捕捉"按钮，或按 F9 键。

参数设置有以下两种方式。

(1)"草图设置"对话框

选择"工具"→"草图设置"命令,或右击"捕捉"按钮,选择"设置"命令打开"草图设置"对话框,选择"捕捉和栅格"选项卡进行设置,如图 2-6 所示。

图 2-6 "草图设置"对话框中的"捕捉和栅格"选项卡

各选项功能如下。

① "启用捕捉"复选框:用于打开或关闭捕捉方式。

② "捕捉间距"选项组:用于设置 X、Y 轴捕捉间距及 X、Y 轴角度,并设置 X、Y 轴的基点的坐标。

(2) SNAP 命令

执行 SNAP 命令后提示如下。

指定捕捉间距或[开(ON)/关(OFF)/纵横向间距(A)/样式(S)/类型(T)] < 10.0000 >:

各选项说明如下。

① 指定捕捉间距:输入需要设定的间距值。

② 开(ON):选择该选项后,系统将打开"捕捉"模式,此时光标只能按当前设定的间

距、旋转角和模式移动。

③ 关(OFF)：选择该选项后，系统将关闭"捕捉"模式，此时光标的移动不受任何影响，可任意移动。

④ 纵横向间距(A)：分别设置捕捉间距，可为 X、Y 方向设置不同的捕捉间距。

⑤ 样式(S)：该选项可以设置捕捉样式为标准的矩形模式还是等轴测模式，其中等轴测模式可在二维空间中仿真绘制三维图形。选择该项后，系统提示如下。

输入捕捉栅格类型[标准(S)/等轴测(I)] <当前类型>：

各选项说明如下。

a. 标准(S)：显示平行于当前用户坐标系的 XY 平面的矩形栅格，且 X 轴和 Y 轴的间距可以不同。

b. 等轴测(I)：显示等轴测光标，此时栅格显示器为按 30°和 150°方向分布，这样用户就可以在二维空间中绘制直观的三维图形了。

⑥ 类型(T)：设置捕捉类型是默认的直角坐标捕捉类型还是极坐标捕捉类型。

注意：

- "捕捉"模式不能控制由键盘输入的坐标点，只能控制由鼠标拾取的点。
- 等轴测捕捉不能有不同的"纵横向间距"值。

2．栅格

栅格(GRID)命令用于显示和设置栅格，该命令的功能是按用户设置的间距在屏幕上显示栅格的点阵，相当于用户在坐标纸上画图一样，有助于用户快速精确定位对象。

打开或关闭栅格功能可以在应用程序状态栏中单击"栅格"按钮▦，或按 F7 键。

参数设置可以通过以下两种方式。

(1)"草图设置"对话框

选择"工具"→"草图设置"命令，或右击"栅格"按钮，选择"设置"命令打开"草图设置"对话框，选择"捕捉和栅格"选项卡进行设置，如图 2-6 所示。

各选项功能如下。

①"启用栅格"复选框：打开或关闭栅格的显示。

②"栅格间距"选项组：设置栅格间距。若栅格设置为 0，则栅格采用捕捉 X 轴和 Y 轴间距的值；若栅格的 X 轴和 Y 轴间距设置太密，则不显示栅格；一般栅格间距是捕捉间距的整数倍。

③"捕捉类型"选项组：可以设置捕捉类型，包括栅格捕捉和 PolarSnap 两种。

可以设置捕捉样式为"矩形捕捉"或"等轴测捕捉"。"矩形捕捉"是将捕捉样式设置为标准矩形捕捉模式，光标可以捕捉一个矩形栅格；"等测轴捕捉"是将捕捉样式设置为等轴测捕捉模式，光标将捕捉到一个等轴测栅格。捕捉类型设置为 PolarSnap，如果启用了"捕捉"模式并在极轴追踪打开的情况下指定点，光标将沿"极轴追踪"选项卡上相对于极轴追踪起点设置的极轴对齐角度进行捕捉。

④"栅格行为"选项组：控制显示栅格线的外观。"自适应栅格"复选框允许以小于栅格间距的间距再拆分；"显示超出界线的栅格"复选框将显示超出 LIMITS 命令指定区域的

栅格；"跟随动态 UCS"复选框将更改栅格平面以跟随动态用户坐标系的 XY 平面。

（2）GRID 命令

在命令行输入 GRID 命令后提示如下。

指定栅格间距(X)或[开(ON)/关(OFF)/捕捉(S)/主(M)/自适应(D)/界限(L)/跟随(F)/纵横向间距(A)]<10.0000>:

各选项说明如下。

① 指定栅格间距(X)：用户可以将栅格间距设置为指定值。

② 开(ON)：选择该选项系统将按当前间距显示栅格。

③ 关(OFF)：选择该选项系统将关闭栅格显示。

④ 捕捉(S)：设置栅格显示间距与 SNAP 命令设置的捕捉间距相同。

⑤ 主(M)：指定主栅格线的栅格分块数。

⑥ 自适应(D)：指定是否允许以小于栅格间距的间距再拆分。

⑦ 界限(L)：显示超出 LIMITS 命令指定区域的栅格。

⑧ 跟随(F)：是否遵循动态 UCS。

⑨ 纵横向间距(A)：分别设置栅格水平间距和垂直间距。

注意：

- 当使用 GRID 命令时，最好选用"捕捉(S)"选项，使栅格显示间距由 SNAP 命令间接控制。
- 如果栅格点未全部显示出来，可用 ZOOM ALL 命令显示当前设置的给力区域中的全部栅格点。
- 用 GRID 命令设置的栅格点在出图时并不绘出。

3．正交模式

使用正交模式(ORTHO)命令可以将光标约束在 X 轴(水平)和 Y 轴(垂直)方向上移动，且移动受当前栅格旋转角的影响。

打开或关闭正交模式可以在应用程序状态栏中单击"正交"按钮，或按 F8 键，也可以按 Ctrl＋L 键进行"打开/关闭"正交模式的转换。

注意：

- 打开正交模式后，系统将限制鼠标的移动，鼠标只能在 X、Y 两个方向上拾取点。
- "正交"模式不能控制由键盘输入的坐标点，只能控制鼠标拾取点的位置。

4．对象捕捉

对象捕捉可以准确地捕捉到图形上的特征点，默认情况下，当系统请求输入一个点时，可将光标移至对象特征点附近，便可弹出对象捕捉框。对象捕捉可迅速、准确地捕捉到对象上的特征点，从而精确地绘制图形。

打开或关闭对象捕捉模式可以在应用程序状态栏中单击"对象捕捉"按钮，或按 F3 键。

自动捕捉命令可通过以下几种方式调用。

（1）"草图设置"对话框

选择"工具"→"草图设置"命令，或右击"捕捉"按钮，选择"设置"命令打开"草图设置"对话框,选择"对象捕捉"选项卡进行设置,如图 2-7 所示。

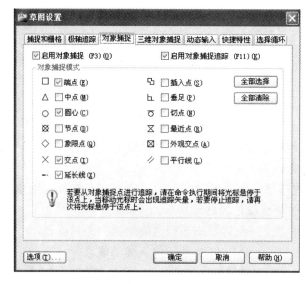

图 2-7　"草图设置"对话框中的"对象捕捉"选项卡

各选项说明如下。

① 启用对象捕捉:打开对象捕捉模式,在该模式下选定的对象捕捉是激活的。

② 启用对象捕捉追踪:打开对象捕捉追踪模式,当在命令中指定点时,光标可以沿基于其他对象捕捉点的对齐路径进行追踪。要使用对象捕捉追踪,必须打开一个或多个对象捕捉。

③ 对象捕捉模式:设置对象捕捉方式。具体捕捉方式见表 2-1。

表 2-1　对象捕捉名称及说明

特 征 点	名 称	说 明
端点	END	直线、圆弧的端点
圆心	CEN	圆、圆弧的圆心
中点	MID	直线、圆弧的中点
切点	TAN	与圆、圆弧的切点
垂足	PER	过直线、圆弧外一点作它们的垂线(垂足)
节点	NOD	用 Point 命令画出的点
象限点	QUA	圆、椭圆的象限点
交点	INT	直线与直线、直线与圆弧、圆弧与圆弧等的交点
延长线	EXT	在某一直线、圆弧的延长线上的点
插入点	INS	图块的插入点
最近点	NEA	对象上的点,即保证点在对象实体上
外观交点	APP	直线与直线、直线与圆弧、圆弧与圆弧等延长后相交的交点
平行线	PAR	与某一直线平行的直线上的点

④ 选项(T):可选择"选项"对话框中的"草图"选项卡设置自动捕捉参数,如图 2-8 所示。

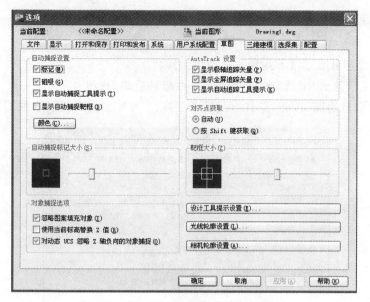

图 2-8　"选项"对话框中的"草图"选项卡

（2）单点捕捉

在进行精确绘图时对象捕捉非常有用，但有时会造成一些不必要的麻烦，应根据需要选用单点捕捉方式。

单点捕捉（临时捕捉）是指在命令行提示下需要输入一个点时，临时启动对象捕捉的方法。该方式仅对本次捕捉点有效。

打开或关闭单点捕捉方式，可使用"对象捕捉"工具栏和快捷菜单，如图 2-9 所示。

图 2-9　"对象捕捉"工具栏

此外，也可以通过快捷菜单设置单点捕捉方式，如图 2-10 所示。

注意：

- 当快捷菜单设置临时捕捉目标时，将暂时屏蔽对话框设置的捕捉模式，但弹出快捷菜单所设置的捕捉模式仅起一次作用。

- 执行 SNAP 命令也可以弹出"草图设置"对话框。

5．极轴追踪与对象捕捉追踪

极轴追踪是按事先给定的角度增量来追踪特征点，是非常有用的绘图辅助工具；对象捕捉则按与对象的某种特定关系来追踪。

打开或关闭极轴追踪功能可以在应用程序状态栏中单击"极轴追踪"按钮，或按 F10 键。

图 2-10　"单点捕捉"快捷菜单

打开或关闭对象捕捉追踪功能可以在应用程序状态栏中单击"对象捕捉追踪"按钮，或按 F11 键。

极轴追踪命令可通过以下几种方式调用。

（1）选择下拉菜单"工具"→"草图设置"→"极轴追踪"选项卡。

（2）右击"极轴追踪"按钮，选择"设置"命令打开"草图设置"对话框，如图 2-11 所示。

图 2-11　"极轴追踪"选项卡

各选项说明如下。

（1）启用极轴追踪：打开或关闭极轴追踪功能，等效于 F10 键或状态栏中的"极轴"按钮。

（2）极轴角设置：该区域用于设置自动捕捉追踪的极轴角度。

（3）对象捕捉追踪设置：该区域用于设置自动捕捉追踪方式。

（4）极轴角测量：该区域用于设置极轴角测量的坐标系统。"绝对（A）"选项表示采用绝对坐标计量角度值；"相对上一段（R）"选项表示以上一个角度为基准采用相对坐标计量角度。

注意：

- 对象追踪必须与对象捕捉同时工作，即在追踪对象捕捉之前，必须先打开对象捕捉功能。
- 正交模式和极轴追踪模式不能同时打开，若打开一个，则另一个将自动关闭。

6. 动态输入

AutoCAD 的动态输入可以在指针位置处显示标注输入和命令提示等信息，极大地方便了用户的绘图。

打开或关闭动态输入功能可以在应用程序状态栏中单击"动态输入"按钮，或按 F12 键。

动态输入命令可通过以下几种方式调用。

（1）选择"工具"→"草图设置"→"动态输入"选项卡。

（2）右击"动态输入"按钮，选择"设置"命令打开"草图设置"对话框，如图 2-12 所示。

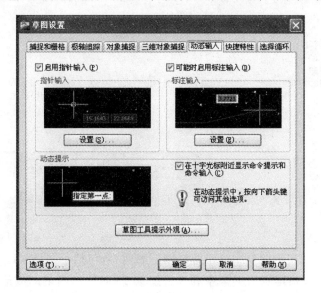

图 2-12　"草图设置"对话框中的"动态输入"选项卡

各选项说明如下。

（1）启用指针输入（P）：设置输入第二点或后续点的指针格式和可见性。默认设置为相对极坐标，如果使用绝对坐标，要用"♯"做前缀。

（2）可能时启用标注输入（D）：设置标注输入的可见性。

（3）动态提示：选择光标附近是否显示命令提示。

注意：

- 当第二个点和后续点的默认设置为相对坐标时，不需要输入@符号。
- 当输入字段时，按 Tab 键能锁定图标，光标会受用户输入值约束。

2.5　视图显示控制

在工程设计中，如何控制图形的显示，是设计人员必须要掌握的技术。AutoCAD 提供了多种视图显示方式，以观察绘图窗口中所绘制的图形。

1. 视图缩放

由于屏幕所显示的范围有限，所以在绘图过程中经常要对图形进行缩放处理。视图的缩放并不改变图形的大小，就像人们使用望远镜、放大镜去观察物体，无论图形的大小如何变化，物体本身的大小并没有改变。

图形缩放（ZOOM）命令可以通过以下几种方式调用。

（1）选择"视图"→"缩放"命令。

（2）单击标准工具栏中的"缩放"按钮 。

（3）在命令行中输入 ZOOM。

（4）选择"视图"选项卡→"导航"面板（图 2-13）→"缩放"命令 （图 2-14）。

图 2-13　"缩放"菜单　　　　　　　　　图 2-14　"缩放"工具栏

各选项说明如下。

（1）全部（A）：在当前窗口中显示整个图形的内容，包括绘图界限以外的图形。

（2）中心（C）：以指定点为屏幕中心进行缩放，同时输入新的缩放倍数，缩放倍数可用绝对值和相对值。

（3）动态（D）：对图形进行动态缩放，执行命令后屏幕上将显示 3 个大小和颜色不同的方框。一般来说，较大的虚线框（一般为蓝色框）显示了使用 LIMITS 命令所定义出的图幅范围；较小的虚线框（一般为绿色框）显示出前一次图形所显示的区域；中心带有"×"标记的实线框（黑色框）表示现在所要显示的、可调整的图形部分，当单击后，实线框的右端将出现一个向右箭头，拖动鼠标即可调整实线框大小，再将实线框拖往所要显示的部分单击左键并回车即可。

（4）范围（E）：将所有绘制的图形充满整个屏幕。

（5）上一个（P）：显示前一屏的内容。

（6）比例（S）：通过直接输入数值或是在数值后加 X、XP 确定按绝对或相对方式对视图进行缩放。

（7）窗口（W）：使用鼠标开启窗口确定所显示的图形部分。

（8）缩小（O）：显示图形文件中的某一部分，选择该模式后，单击图形中的某个部分，该部分将显示在整个图形窗口中。

（9）实时（R）：默认选项，交互地缩放显示图形。

注意：

- 在 ZOOM 命令启动后，直接用鼠标在绘图区拾取两对角点，则系统以 W 方式或 C 方式进行缩放；如果直接输入比例系数，则以 S 方式进行缩放。
- 该命令为透明命令，在其他命令的执行过程中可执行。
- "放大"和"缩小"选项是相对于当前图形放大 1 倍和将当前图形缩小 1/2。

2. 鸟瞰视图

类似飞鹰鸟瞰大地，可方便地改变视图的大小和位置。与前一命令相比较，它可以观察整个图形的同时直接选取需要放大显示的图形部分。

使用 DSVIEWER 命令系统显示"鸟瞰视图"窗口，如图 2-15 所示，在窗口中可非常方便地使用 ZOOM 命令中"动态视图"的方式，通过鼠标来建立窗口或是平移来选取需要观察的图形部分，窗口越大，所显示的图形部分越小，图形越小。必要时，也可选取尽量大的图标，显示所有图形。

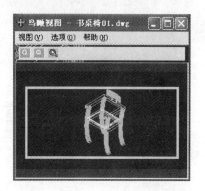

图 2-15　"鸟瞰视图"窗口

3. 视图平移

在不改变视图大小的前提下移动视图，该命令并不改变图形在绘图区域中的实际位置。平移除了可以上、下、左、右移动视图外，还可以使用"实时"命令和"定点"命令平移视图。

图形平移(PAN)命令可以通过以下几种方式调用。

（1）选择"视图"→"缩放"命令。

（2）单击"标准"工具栏中的"实时平移"按钮。

（3）在命令行中输入 PAN。

（4）选择"视图"选项卡→"导航"面板→"平移"命令。

只要移动手形光标则屏幕中所显示的图形将随光标的移动而移动，同时也可右击，在打开的快捷菜单中可方便地进行视图缩放与平移的转换。

注意：平移命令与视图缩放命令相同，都是透明命令。

2.6　本　章　小　结

本章介绍了 AutoCAD 文件的操作、命令与命令选项的输入方式，设置绘图环境，包括绘图单位和图形界限的设置；辅助绘图工具对象捕捉、栅格、极轴追踪等；为了方便查看图形又介绍了视图显示控制。

2.7　复习思考题

1. 绘图单位精度如何设置？

2. 在 AutoCAD 中，点坐标的输入都有哪几种方法？

3. 绘制一个 A2 图纸(594mm×420mm)大小的矩形，并全屏显示出来。

4. 建立新文件时设置：作图单位为十进制，小数点位数为 2，逆时针旋转为正，作图区域为 841×594。进入作图环境观察状态栏中的小数变化，并将鼠标移至图纸右上角，观察 X、Y 坐标值的变化与设置的幅面是否一致？

第3章 基本绘图命令

教学目标：

本章重点讲解直线、构造线、多段线、多线、圆、圆弧、椭圆、椭圆弧、矩形、正多边形、点、等分对象以及样条曲线的绘制方法和技巧。通过本章的学习，读者能够灵活地应用这些工具进行综合绘图，同时可以结合课后的习题与上机操作进行强化练习。

3.1 坐标系及坐标输入

1. AutoCAD 2011 的坐标系

在 AutoCAD 中，坐标系分为世界坐标系（WCS）和用户坐标系（UCS）两种。

默认情况下，当前坐标系为世界坐标系，它是 AutoCAD 的基本坐标系，它有 3 个相互垂直并相交的坐标轴。X 轴的正向是水平向右，Y 轴的正向是垂直向上，Z 轴的正向是由屏幕垂直指向用户。默认坐标原点在绘图区的左下角，在其上有一个方框标记，表明是坐标系。在绘制和编辑图形过程中，世界坐标系的坐标原点和坐标轴方向都不会改变，所有的位移都是相对于原点计算的，如图 3-1 所示。

为了方便用户绘制图形，AutoCAD 还可将世界坐标系改变原点位置和坐标轴方向，此时就形成了用户坐标系。在默认情况下，用户坐标系和世界坐标系相重合，用户可在绘图过程中根据具体需要来定义用户坐标系。尽管用户坐标系中 3 个轴之间仍然互相垂直，但是在方向及位置的设置上却很灵活，用户坐标系的原点以及 X 轴、Y 轴、Z 轴方向都可以移动及旋转，甚至可以依赖于图形中某个特定的对象，UCS 没有方框标记，如图 3-2 所示。

图 3-1　世界坐标系　　　　　　　　图 3-2　用户坐标系

要设置用户坐标系，可选择"工具"菜单中的"命名 UCS"、"正交 UCS"、"移动 UCS"和"新建 UCS"命令及其子命令，根据现在条件和自己的需要来定制用户坐标系。例如，要新建用户坐标，则选择"工具"→"新建 UCS"→"原点"命令，然后在绘图区指定原点的新位置。

2．坐标的输入方法

点坐标值的表示用(X，Y，Z)是最基本的方法，在上述两种坐标系下都可以通过输入点坐标来精确定位点。在 AutoCAD 中，常用的二维坐标输入方式有 4 种（默认当前屏幕为XY 平面，Z 坐标始终为 0，故 Z 坐标可省略不输入）。

（1）绝对直角坐标：以坐标原点(0,0)为基点来确定所有点的位置。用户可通过 X、Y 轴上的绝对数值来表示坐标位置。

表示方法：X 坐标，Y 坐标。

例如，(10,20)表示点的坐标为 X＝10，Y＝20。

（2）相对直角坐标：以基点作为参考点来定位点的相对位置。用户可通过输入点的坐标增量来确定它在坐标系中的位置。

表示方法：@X 轴增量，Y 轴增量。

例如，(@10,20)表示新点与前一点在 X 轴上相差 10，在 Y 轴上相差 20，若前一点坐标为(30,50)，则新点的实际坐标为(40,70)；又如，若前一点的坐标为(100，－150)，则(@－250,200)的实际坐标为(－150,50)。

注意：事实上绝对坐标也是相对坐标的一种，只是它的参照点坐标始终为(0,0)而已。

（3）绝对极坐标：以原点为极点，输入一个长度距离。

表示方法：矢量长＜夹角。

例如，(100＜45)表示该点离极点的距离为 100 个长度单位，该点和极点的连线与 X 轴正向夹角为 45°，且规定 X 轴的正向为 0°，Y 轴的正向为 90°；逆时针角度为正，顺时针角度为负。

（4）相对极坐标：通过新点与前一点边线与 X 轴正向间的夹角以及两点间的矢量长为表示新点的坐标。

表示方法：@矢量长＜夹角。

输入一个长度距离，后跟一个"＜"符号，再加一个角度值。

例如，(@100＜45)表示新点 P1 与前一点 P0 的连线与 X 轴正向成 45°夹角（注意：在这里按系统默认设置，旋转方向逆时针取正，下同），两点间距离为 100，如图 3-3(a)所示。

又如，(@100＜－45)表示新点 P2 与前一点 P0 的连线与 X 轴正向成－45°夹角，两点间距离为 100，如图 3-3(b)所示。

再如，(@－100＜－45)表示新点 P3 与前一点 P0 的连线与 X 轴应为－45°的反方向，即与 X 轴正向成 135°夹角，两点间距离同样为 100，如图 3-3(c)所示。

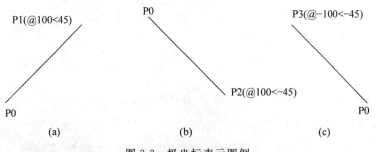

图 3-3　极坐标表示图例

3.2 线 的 绘 制

线的绘制命令主要包括绘制直线、多段线、样条曲线、多线、构造线等各种线条的命令。

1. 直线

直线(LINE)是图形中最常见、最简单的图形实体。"直线"命令用于在两点之间绘制直线,用户可通过鼠标或键盘来确定线段的起点和终点。

(1) 调用方式

① 菜单命令:"绘图"→"直线"命令。

② 工具栏:"常用"选项卡→"绘图"面板→"直线"命令,"绘图"工具栏中的"直线"按钮 ╱ 。

③ 命令:LINE(L)。

(2) 操作步骤

执行 LINE 命令后提示如下。

```
指定第一点:                      //用光标或输入坐标给定线段起点
指定下一点或[放弃(U)]:           //给定线段下一点
  ⋮
指定下一点或[闭合(C)/放弃(U)]:   //按 Enter 键结束命令
```

(3) 说明

命令提示中各选项功能如下。

① 闭合(C):CLOSE 的简写,自动将最后一端点与第一条线段的起点重合形成封闭图形并结束命令。

② 放弃(U):撤销刚绘制的线段。U 选项可重复使用,直至重新确定直线的起点。

【例 3-1】 用"直线"命令绘制一个边长为 80 的正三角形 ABC,A 点坐标为(100,100),结果如图 3-4 所示,其操作步骤如下。

(1) 启用状态栏的"极轴追踪"、"对象捕捉"、"对象捕捉追踪"命令。

(2) 设置极轴增量角为 30°或 60°均可。

(3) 执行"直线"命令。

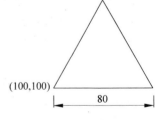

图 3-4 正三角形 ABC

```
指定第一点:100,100              //输入 A 点坐标位置
指定下一点或[放弃(U)]:80         //确定 B 点,水平方向移动光标,出现极轴角 0°提示时
                                //输入
指定下一点或[放弃(U)]:80         //确定 C 点,向左上方移动光标,出现极轴角 120°提示
                                //时输入
指定下一点或[闭合(C)/放弃(U)]:C  //封闭图形
```

注意:

• 要重复执行上一个命令,可按 Enter 键、Space 键或者右击,在快捷菜单中选择相应

的选项。

- 在"画线"命令中,输入"U"与"命令:"提示符下输入"U"的意义不同,前者是取消直线绘制命令过程中的前一步骤,也就是取消一段直线,而后者则是取消刚才所执行的整个命令,这种情况在其他命令中也会经常遇到。
- 当需要使用相对坐标或极坐标方式确定直线上的第二点时,可先用鼠标确定方向,然后用数值确定距离,以简化操作。

2. 多段线

"多段线"(PLINE)命令用于绘制由若干直线和圆弧连接而成的不同宽度的曲线或折线,且该多段线中含有的所有直线或圆弧都是一个实体,可以用"修改"→"对象"→"多段线"命令对其进行编辑。

(1)调用方式

① 菜单命令:"绘图"→"多段线"命令。

② 工具栏:"常用"选项卡→"绘图"面板→"多段线"命令,"绘图"工具栏中的"多段线"按钮 。

③ 命令:PLINE(PL)。

(2)操作步骤

执行 PLINE 命令后提示如下。

```
指定起点:                    //给定多段线起点
当前线宽为<当前值>
  :
指定下一点或[圆弧(A)/闭合(C)/半宽(H)/长度(L)/放弃(U)/宽度(W)]:
```

(3)说明

命令提示中各选项功能如下。

① 指定下一点将直接画出直线。

② 圆弧(A),多段线由直线方式切换到圆弧方式,系统继续提示如下。

```
[角度(A)/圆心(CE)/闭合(CL)/方向(D)/半宽(H)/直线(L)/半径(R)/第二点(S)/放弃(U)/宽度(W)]:
```

圆弧方式下命令提示中各选项功能如下。

- 角度(A):指定圆弧的圆心角绘制圆弧。
- 圆心(CE):指定圆弧的圆心绘制圆弧。
- 闭合(CL):将当前点与起点以圆弧进行封闭,并结束命令。
- 方向(D):取消直线与弧的相切关系设置,改变圆弧的起始方向。
- 半宽(H):设置线的半宽(即线的中心位置到一边的宽度)。
- 直线(L):将弧线方式转换为直线方式。
- 半径(R):指定圆弧半径绘制圆弧。
- 第二点(S):以前一点为起点,确定三点画弧中的第二点。
- 放弃(U):撤销刚绘制的多段线。
- 宽度(W):设置线的宽度,系统继续提示如下。

指定起点宽度<当前值>：
指定终点宽度<起点宽度>：

③ 长度(L)：按前一段直线的相同角度或弧线的切线方向，以指定的长度值绘制直线。

④ 闭合(C)：将当前点与起点封闭，并结束命令。

【例 3-2】 使用多段线绘制门框图形，如图 3-5 所示。

(1) 输入多段线命令 PLINE。

(2) 确定 P1 为起点（当前线宽为 0）。

(3) 确定直线上第二点 P2。

(4) 输入 A 选项转换为画弧方式。

(5) 输入 W 选项，确定起始宽度和结束宽度。

(6) 输入 S 选项采用三点画弧方式并通过鼠标点取弧线上第二点 P3。

(7) 确定弧线上第三点 P4。

(8) 输入 L 选项转换为画直线方式。

(9) 确定直线上另一端点 P5。

(10) 输入 C 选项与起点封闭。

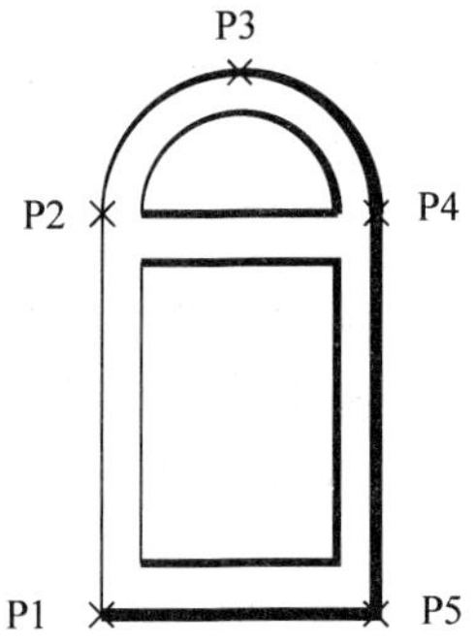

图 3-5　门框

注意：

- 连续绘制的多段线无论如何变化将始终为一整体。

- 可用"分解"命令将多段线分解为多个单一实体的直线和圆弧，且分解后宽度信息将会消失。

- 要闭合一条有宽度的多段线，必须输入"C"，即选择"闭合"选项才能使其完全封闭，否则会出现缺口。

3．样条曲线

"样条曲线"(SPLINE)命令用于绘制二次或三次样条曲线，它可以由起点、终点、控制点及偏差来控制曲线；也可用于表达机械图形的中断裂线及地形图标高线等。

(1) 调用方式

① 菜单命令："绘图"→"样条曲线"命令。

② 工具栏："常用"选项卡→"绘图"面板→"样条曲线"命令，"绘图"工具栏中的"样条曲线"按钮 ～ 。

③ 命令：SPLINE(SPL)。

(2) 操作步骤

执行 SPLINE 命令后提示如下。

```
指定第一点或[对象(O)]：              //指定样条曲线起点
指定下一点：                        //输入第二点
指定下一点或[闭合(C)/拟合公差(F)]<起点切向>：  //输入第三点
指定起点切向：
指定终点切向：
```

（3）说明

命令提示中各选项功能如下。

① 闭合(C)：当前点与起点自动封闭。

② 拟合公差(F)：输入曲线的偏差值。值越大，曲线越远离指定的点；反之亦是。

③ 起点切向：指定样条曲线起始点处的切线方向。

④ 终点切向：指定样条曲线终点处的切线方向。

⑤ 对象(O)：将一条多段线拟合生成样条曲线。

注意：

- 样条曲线可以通过偏差来控制曲线光滑度。偏差越小，曲率越小。
- 样条曲线不是多段线，因此不能编辑，也不能用"分解"命令分解。
- 将变量 SPLFRAME 设为"1"可得到样条曲线的外框直线。

4．多线

"多线"(MLINE)命令用于绘制多条相互平行的线，每条线的颜色和线型可以相同，也可以不同，且其线宽、偏移、比例、样式和端头交接方式都可以用 MLINE 命令和 MLSTYLE 命令控制。"多线"(MLINE)命令在建筑工程上常用于绘制墙线。

（1）多线线型定义

其用于设置多线的线型参数，包括同时含有几条线、线的颜色、各线间的距离等。使用 MLSTYLE 命令或选择"格式"→"多线样式"命令屏幕即显示"多线样式"对话框，如图 3-6 所示。单击"新建"按钮或"修改"按钮进入"修改多线样式"对话框，如图 3-7 所示。

图 3-6　"多线样式"对话框

图 3-7 "修改多线样式"对话框

（2） 按已设置的多线样式绘制图形的方式

① 菜单命令："绘图"→"多线"命令。

② 工具栏："绘图"工具栏中的"多线"按钮。

③ 命令：MLINE（ML）。

（3）操作步骤

执行 MLINE 命令后提示如下。

```
指定起点或[对正(J)/比例(S)/样式(ST)]:      //指定起始点
指定下一点:                              //指定第二点
指定下一点或[闭合(C)/放弃(U)]:
```

（4）说明

命令提示中各选项功能如下。

① 对正（J）：设置多线的基准方式，即相对于用户输入端点的偏移位置，选择后系统继续提示如下。

```
输入对正类型[上(T)/无(Z)/下(B)]<下>:
```

a. 上（T）：多线上最顶端的线将随着光标进行移动。

b. 无（Z）：多线的中心线将随着光标点移动。

c. 下（B）：多线上最底端的线将随着光标移动。

② 比例（S）：确定线型的缩放比例。如果偏移量为120，而此处比例设为2，则实际的偏移量为240。

③ 样式（ST）：绘制多线时使用的样式，默认线型样式为"STANDARD"。其可加载已定义的多线线型为当前线型，这与单击"多线样式"对话框中的"加载"按钮的结果是相同的。

【例3-3】　使用"多线"命令绘制图3-8所示的道路图形，其中中线为红色虚线、边线黑色实线。

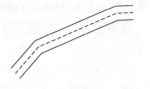

（1）执行"格式"→"多线样式"命令新建一多线样式。

（2）输入"多线"命令"MLINE"，绘制多线。

注意：

图3-8　多线应用实例——道路

- "多线"命令的默认模式为双线，线宽为1，如使用其他样式须先用"多线样式"命令定义样式。

- 无论多线同时绘制出的是双线、三线还是更多的线条，它们始终同为一个实体，必须使用下章所介绍的"多线编辑"命令进行修改。

- 在缩放前，输入比例因子无效，可以执行"视图"→"重生成"命令，重新生成视图。

5. 构造线

"构造线"命令（XLINE）用于绘制无限长直线，这类线通常作为绘图过程中的辅助线使用。在绘制机械或建筑的三面视图中，可用该命令绘制长对正、宽相等和高平齐的辅助作图线。

（1）调用方式

① 菜单命令："绘图"→"构造线"命令。

② 工具栏："常用"选项卡→"绘图"面板→"构造线"命令，"绘图"工具栏中的"构造线"按钮 ✎ 。

③ 命令：XLINE（XL）。

（2）操作步骤

执行XLINE命令后提示如下。

指定点或[水平(H)/垂直(V)/角度(A)/二等分(B)/偏移(O)]：

（3）说明

命令提示中各选项功能如下。

① 指定点：指定一点，即可用无限长直线所通过的两点定义构造线的位置。

② 水平（H）：创建一条通过选定点的水平参照线。

③ 垂直（V）：创建一条通过选定点的垂直参照线。

④ 角度（A）：以指定的角度创建一条参照线。执行该选项后，系统将提示"输入参照线角度(O)或[参照(R)]："，这时可指定一个角度或输入R选择参考选项。

a. 参照线角度（O）：系统初始角度是0°，即相当于所绘制的参照线是相对于水平线具有一定角度放置的。在这种情况下，参照线的方向已知，所以系统提示"指定通过点"，则AutoCAD将创建通过指定点的参照线，并使用指定角度。

b. 参照（R）：指定与选定直线之间的夹角，从而绘制出与选定直线成一定角度的参照线。执行该选项后，系统将提示"选择直线对象"，这时用户应选择一条直线、多段线、射线或参照线，系统将继续提示"输入参照线角度和指定通过点"。在指定参照线角度时，输入正值，绘制的参照线相对于标准逆时针方向转动指定的角度；输入负值，绘制的参照线相对于标准顺时针方向转动指定的角度。

⑤ 二等分（B）：绘制角平分线。执行该选项后，系统提示"指定角的顶点、角的起点、角

的端点",从而绘制出该角的角平分线。

⑥ 偏移(O):创建平行于另一个对象的参照线。执行该选项后,系统提示"指定偏移距离或[通过(T)]<当前值>"。

a. 指定偏移距离:用户输入偏移距离后,系统将继续提示"选择直线对象",此时用户应选择一条直线、多段线、射线或参照线,最后系统提示"指定要偏移的边",用户可以指定一点并按 Enter 键终止命令。

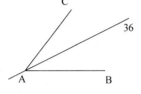

图3-9 绘制∠CAB的平分线

b. 通过(T):创建一条直线偏移并通过指定点的参照线。执行该选项后,系统提示"选择直线对象和指定通过点",此时用户应该指定参照线要经过的点并按 Enter 键终止命令。

【例3-4】 用"构造线"命令绘制已知∠CAB 的平分线,图形如图3-9所示。

(1)执行"构造线"命令。

(2)当提示"指定点或[水平(H)/垂直(V)/角度(A)/二等分(B)/偏移(O)]:"时,输入"B"后按 Enter 键,选择绘制角平分线的方式。

(3)当提示"指定角的顶点:"时,鼠标捕捉顶点 A。

(4)当提示"指定角的起点:"时,鼠标捕捉起点 B。

(5)当提示"指定角的端点:"时,鼠标捕捉起点 C。

(6)当提示"指定角的端点:"时,按 Enter 键结束命令。

注意:

- "构造线"命令所绘制的辅助线可以用"修剪"、"旋转"等编辑命令进行编辑。修剪构造线两端才能将构造线变为直线。
- 当构造线仅用于作绘图辅助线时,也可将这些构造线集中绘制在某一图层上;当输出图形时,可以将该图层关闭。

3.3 绘制圆弧类图形

绘制圆弧类图形包括圆(CIRCLE)、圆弧(ARC)、椭圆或椭圆弧(ELLIPSE)等。

1. 绘制圆

AutoCAD 提供了 6 种绘制圆形的方式,如图 3-10 所示。

(1)调用方式

① 菜单命令:"绘图"→"圆"命令。

② 工具栏:"常用"选项卡→"绘图"面板→"圆"命令,"绘图"工具栏中的"圆"按钮 ⊘ 。

图 3-10 绘制圆的方式

③ 命令:CIRCLE(C)。

(2)操作步骤

执行 CIRCLE 命令或选择菜单"绘图"→"圆"命令后提示如下。

圆心、半径(R):   //用圆心和半径方式绘制圆
圆心、直径(D):   //用圆心和直径方式绘制圆

两点(2)：	//两点绘制圆。此两点为圆直径的两个端点
三点(3)：	//三点绘制圆
相切、相切、半径(T)：	//用切线、切线、半径的方式绘制圆
相切、相切、相切(A)：	//用切线、切线、切线方式绘制圆

(3) 说明

命令方式和菜单方式绘制圆的提示信息不同，执行 CIRCLE 命令后只有 4 种方式绘制圆。

【例 3-5】 用"圆"命令作△ABC 的内切圆，图形如图 3-11 所示。

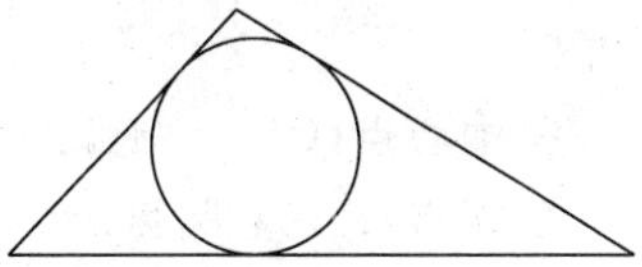

(1) 执行"绘图"→"圆"命令，在下拉菜单中选择"相切、相切、相切"方式。

(2) 鼠标捕捉三角形 A 边。

(3) 鼠标捕捉三角形 B 边。

(4) 鼠标捕捉三角形 C 边。

图 3-11 三角形的内切圆

注意：

- 在用"相切、相切、半径(T)"选项时，需在与圆相切的对象上捕捉切点，如果半径不合适，系统将提示"圆不存在"。
- 在用"相切、相切、相切(A)"选项时，拾取相切对象的位置点不同，得到的结果也不相同。
- 使用"圆"命令绘制的圆不能用"分解"命令进行分解。
- 圆有时显示成多段折线，即圆的光滑度与 VIEWRES 值有关，其值越大，圆越光滑，但显示与出图无关，即无论其值多大均不影响出图后圆的光滑度。

2. 绘制圆弧

圆弧在实际绘图中，出现的频率要比圆多，AutoCAD 提供了 11 种绘制圆弧(ARC)的方式，这些方式都是由起点、方向、中点、包角、终点、弧长等参数来确定绘制的。

(1) 调用方式

① 菜单命令："绘图"→"圆弧"命令。

② 工具栏："常用"选项卡→"绘图"面板→"圆弧"命令，"绘图"工具栏中的"圆弧"按钮 ⌒ 。

③ 命令：ARC(A)。

(2) 操作步骤

执行 ARC 命令或选择菜单"绘图"→"圆弧"命令后提供 11 种绘制方法。

① 三点(P)：三点确定一条圆弧。

② 起点、圆心、端点(S)：以起点、圆心、端点绘制圆弧。

③ 起点、圆心、角度(T)：以起点、圆心、圆心角绘制圆弧。

④ 起点、圆心、长度(A)：以起点、圆心、弦长绘制圆弧。

⑤ 起点、端点、角度(N)：以起点、终点、圆心角绘制圆弧。

⑥ 起点、端点、方向(D)：以起点、终点、圆弧起点的切线方向绘制圆弧。

⑦ 起点、端点、半径(R)：以起点、终点、半径绘制圆弧。

⑧ 圆心、起点、端点(C)：以圆心、起点、终点绘制圆弧。

⑨ 圆心、起点、角度(E)：以圆心、起点、圆心角绘制圆弧。

⑩ 圆心、起点、长度(L)：以圆心、起点、弦长绘制圆弧。

⑪ 继续(O)：从一段已有的线或弧开始绘制圆弧。用此选项绘制的圆弧与原有线或弧终点沿切线方向相接。

(3) 说明

命令方式和菜单方式绘制圆的提示信息不同，执行 CIRCLE 命令后的提示信息说明分别如下。

① 中心点(CE)：圆弧的中心。

② 端点(EN)：圆弧的终点。

③ 弦长(L)：圆弧的弦长。

④ 方向(D)：定义圆弧起始点的切线方向。

【例 3-6】 用"圆弧"命令从 A 点绘制 90°弧线，图形如图 3-12 所示。

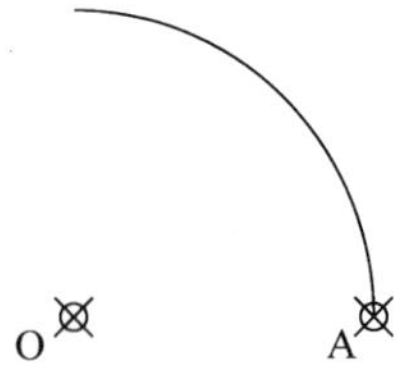

(1) 执行"圆弧"命令。

(2) 当提示"指定圆弧的起点或[圆心(CE)]："时，输入 CE。

(3) 当提示"指定圆弧的圆心："时，指定圆心 O。

(4) 当提示"指定圆弧的起点："时，指定起点 A。

(5) 当提示"指定圆弧的端点或[角度(A)/弦长(L)]："时，选择 A。

(6) 当提示"指定包含角："时，输入圆弧角度 90。

图 3-12　圆弧

注意：

- 当圆弧的半径为正值时绘制小圆弧；当它为负值时绘制大圆弧。
- 当圆弧的角度为正值时，系统向逆时针方向绘制圆弧；当其角度为负值时，则向顺时针方向绘制圆弧。
- 在以弦长方式绘制圆弧时，正值画小弧；负值画大弧。
- 圆弧的光滑度与 VIEWRES 值有关，其值越大，圆弧越光滑；也可以用"视图重生(REGEN)"命令控制。

3. 绘制椭圆及椭圆弧

椭圆和椭圆弧的命令相同，都是 ELLIPSE，但命令行提示不同。

(1) 绘制椭圆

AutoCAD 提供了两种绘制椭圆的方法：根据椭圆某一轴上的两上端点及另一条半轴的长度绘制椭圆；根据椭圆的中心、一条轴的端点及另一条半轴的长度绘制椭圆。

① 调用方式。

a. 菜单命令："绘图"→"椭圆"命令。

b. 工具栏："常用"选项卡→"绘图"面板→"椭圆"命令或"绘图"工具栏中的"椭圆"按钮 ⬯ 。

c. 命令：ELLIPSE(EL)。

② 操作步骤。执行椭圆命令(EL)后，系统提示如下。

指定椭圆的轴端点[圆弧(A)/中心点(C)]:

③ 说明。

a．轴端点：通过椭圆轴线两端点与另一半轴长度绘制椭圆。

b．圆弧(A)：表示绘制椭圆弧而不是椭圆。

c．中心点(C)：通过椭圆心与一轴端点以及另一半轴长度绘制椭圆。

d．旋转(R)：输入角度，将一个圆绕着长轴方向旋转成椭圆，若输入(O)，则绘制出圆。

(2) 绘制椭圆弧

① 调用方式。

a．菜单命令："绘图"→"椭圆"命令。

b．工具栏："常用"选项卡→"绘图"面板→"椭圆"命令，"绘图"工具栏中的"椭圆弧"按钮 。

c．命令：ELLIPSE(EL)。

② 操作步骤。执行椭圆命令(EL)后，系统提示如下。

指定椭圆的轴端点[圆弧(A)/中心点(C)]:

③ 说明。

a．中心点(C)：通过椭圆心与一轴端点以及另一半轴长度绘制椭圆。

b．指定起始角度：给定椭圆弧的起始角度。

c．指定终止角度：给定椭圆弧的终止角度。

d．包含角度(I)：指定椭圆弧包含角的大小。

e．旋转(R)：输入角度，绕长轴旋转成椭圆弧。

f．参数(P)：确定椭圆弧的起始角。

【例3-7】 绘制如图3-13所示的椭圆。

绘制水平椭圆的步骤如下。

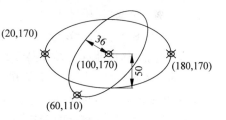

图 3-13　椭圆

```
ELLIPSE↙
指定椭圆的轴端点或[圆弧(A)/中心点(C)]: 20,170↙
指定轴的另一个端点: 180,170↙
指定另一条半轴长度或[旋转(R)]: 50↙
```

绘制倾斜放置的椭圆的步骤如下。

```
ELLIPSE↙
指定椭圆的轴端点或[圆弧(A)/中心点(C)]: C
指定椭圆的中心点: 100,170↙
指定轴的端点: 60,100↙
指定另一条半轴长度或[旋转(R)]: 36↙
```

注意：绘制的椭圆、椭圆弧同圆一样，不能用 EXPLODE、PEDIT 等命令修改。

4．绘制云线

"云线"(REVCLOUD)命令用于建筑立面图进行艺术造型或绘制花草、云状、树状物体等配景。

(1) 操作步骤

执行"云线"(REVCLOUD)命令或单击"修订云线"按钮 后，系统提示如下。

最小弧长 15,最大弧长 15,指定起点或[弧长(A)/对象(O)]<对象>:

（2）说明

① 对象（O）：可选择云线对象修订为凸形或凹形的云状物体。

② 弧长（A）：可设置最大和最小弧长，最大弧长不能超过最小弧长的三倍。

③ 沿云线路径引导十字光标：可用光标引导云线路径直到终点与起点重合。

注意：

- "云线"命令必须在终点与起点重合时，才会自动完成。

- 可以用"多段线编辑"命令编辑。

5. 绘制螺旋

螺旋（HELIX）是开口的二维或三维螺旋，用于创建弹簧实体模型。

（1）操作步骤

执行"螺旋"（HELIX）命令或"绘图"→"螺旋"命令后，系统提示如下。

"圆数＝3（默认），扭曲＝逆时针（默认），指定底面的中心点："

（2）说明

① 底面半径或［直径（D）］：指定一个值来同时作为底面半径。

② 顶面半径或［直径（D）］：指定一个值来同时作为顶面半径。默认情况下，顶面半径和底面半径设置的值相同。如果值不同，则将创建圆锥形螺旋。

③ 指定螺旋高度：指定一个值作为高度。如果指定的高度值为"0"，则将创建扁平的二维螺旋。

④ 圈数（T）：指定螺旋的旋转圈数。

⑤ 圈高（H）：指定螺旋内一个完整的高度。

⑥ 扭曲方向（W）：指定以顺时针（CW）方向还是逆时针方向（CCW）绘制螺旋。默认是逆时针。

⑦ 轴端点（A）：指定螺旋轴的端点位置。轴端点定义了螺旋的长度和方向。

注意：

- 螺旋是真实螺旋的样长曲线近似，但当使用螺旋作为扫描路径时，结果值将是准确的。

- 圈数的默认值为3，螺旋的圈数不能超过500。

- 使用螺旋命令可以将螺旋用作路径，可以沿着螺旋路径来扫掠圆，以创建弹簧实体模型。

3.4 多边形的绘制

1. 绘制矩形

"矩形"（RECTANG）命令，按指定尺寸绘制矩形或用两个对角点的方式绘制矩形。

（1）调用方式

① 菜单命令："绘图"→"矩形"命令。

② 工具栏："常用"选项卡→"绘图"面板→矩形命令，"绘图"工具栏中的"矩形"按钮□ 。

③ 命令：RECTANG(REC)。

（2）操作步骤

执行 RECTANG(REC)命令后系统提示如下。

指定第一个角点或[倒角(C)/标高(E)/圆角(F)/厚度(T)/宽度(W)]:

（3）说明

命令提示中各选项功能如下。

① 倒角(C)：设定矩形的倒角距离，从而生成倒角的矩形。

② 标高(E)：设定矩形在三维空间中的基面高度。

③ 圆角(F)：设定矩形的圆角半径，从而生成圆角的矩形。

④ 厚度(T)：设定矩形的厚度，即三维空间 Z 轴方向的高度。

⑤ 宽度(W)：设置矩形的线条宽度。

⑥ 面积(A)：按指定的面积创建矩形。

⑦ 尺寸(D)：按指定的长、宽尺寸创建矩形。

⑧ 旋转(R)：按指定的旋转角度创建矩形。

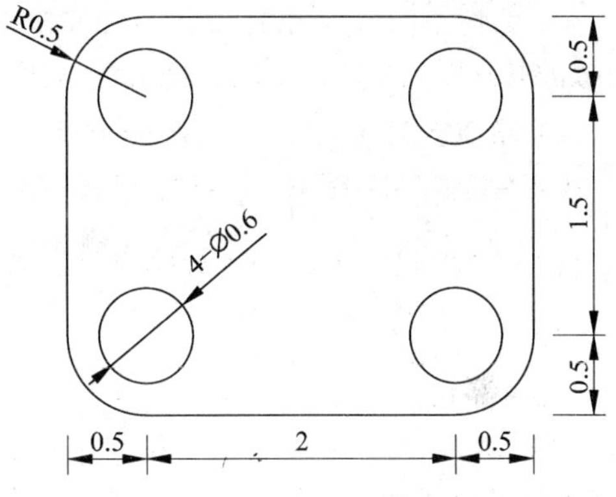

【例3-8】 绘制底板，如图 3-14 所示。

（1）执行 RECTANG 命令。

图 3-14　底板

```
指定第一个角点或[倒角(C)/标高(E)/圆角(F)/厚度(T)/宽度(W)]: F
指定矩形的圆角半径< 0.0000 >: 0.5↙
指定第一角点:                          //此时单击指定第一个角点
指定另一个角点或[面积(A)/尺寸(D)/旋转(R)]: @3.2.5
```

（2）继续绘制。绘制 4 个半径为 0.3 的圆。

注意：

- 当选择对角点时，没有方向限制，可以从左到右，也可以从右到左。
- 可以绘制带圆角、切角的矩形，也可以根据面积或长和宽绘制矩形。

2．绘制正多边形

"正多边形"命令(POLYGON)用于绘制从 3 到 1024 条边的正多边形。

（1）调用方式

① 菜单命令："绘图"→"多边形"命令。

② 工具栏："常用"选项卡→"绘图"面板→"多边形"命令，"绘图"工具栏中的"多边形"按钮⬠。

③ 命令：POLYGON(POL)。

（2）操作步骤

执行 POLYGON(POL)命令后系统提示如下。

输入边的数目：　　　　　　　　//输入多边形的边数后,继续提示如下
指定多边形的中心点或[边(E)]:

(3) 说明

命令提示中各选项功能如下。

① 边(E)：确定多边形的一条边来绘制正多边形,它由边数和边长确定。

a. 指定边的第一个端点：确定多边形的第一条边的起始点。

b. 指定边的第二个端点：确定多边形的第一条边的终点。

c. 中心点：确定多边形的中心。

② 内接于圆(I)：用外接圆的方式定义多边形,是以中心到多边形端点的距离为半径确定多边形。

③ 外切于圆(C)：用内切圆的方式定义多边形,是以中心到多边形各边的垂直距离为半径确定多边形。

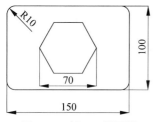

图 3-15　例 3-9 所用图

【例 3-9】　绘制图 3-15 所示的图形。绘制矩形,要求圆角半径为 10,长为 150,宽为 100。

```
POL↙
输入边的数目：F↙
指定多边形的中心点或[边(E)]:    //确定中心点
输入选项[内接于圆(I)/外切于圆(C)]<I>: I
```

注意：

- 用"边(E)"选项绘制正多边形时,总是从指定的第一端点到第二端点,沿逆时针方向绘制多边形。
- 以同样的半径,内切圆方式比外接圆方式绘制的正多边形要大。
- 当再次输入"正多边形"命令时,提示的默认值将是上次所给的边数。

3.5　点 的 绘 制

当绘图时,点通常被作为对象捕捉的参考点,用户可以绘制单点、多点和等分点等。点的位置可通过鼠标单击来直接确定,也可以输入它的坐标值来完成。

1. 设置点的样式

AutoCAD 提供了多种点的样式,用户可按自己的喜好来进行设置。

操作步骤如下。

(1) 执行 DDPTYPE 命令进行点样式的设置。

(2) 选择下拉菜单中的"格式"→"点样式"命令来设置,如图 3-16 所示。

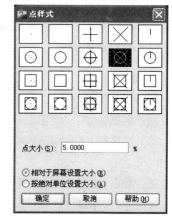

图 3-16　"点样式"对话框

2．**绘制点**

"点"命令(POINT)可绘制单点或多个点,这些点可用作标记点、标注点。

(1) 调用方式

① 菜单命令:"绘图"→"点"命令。

② 工具栏:"常用"选项卡→"绘图"面板→"点"命令,"绘图"工具栏中的"点"按钮 ￮ 。

③ 命令:POINT(PO)。

(2) 操作步骤

执行 POINT(PO)命令后系统提示如下。

当前点模式:PDMODE = 0　　PDSIZE = － 3.0000　　指定点:

(3) 说明

命令提示中各选项功能如下。

① 点模式(PDMODE):控制点模式的系统变量。

② 点大小(PDSIZE):控制点大小的系统变量。当其值为正值时,它的值为点的绝对大小,即实际大小;若其值为负值时,则表示点的大小为相对视图大小的百分比。

③ 相对于屏幕尺寸(R):设置点相对尺寸,用"缩放(ZOOM)"命令放大或缩小图样时,点也会放大或缩小。

④ 用绝对单位设置尺寸(A):设置点绝对尺寸,当用"缩放"命令放大或缩小时,点的大小不会受到影响,用"重生成"命令查看结果。

注意:

- 默认情况下,点对象仅被显示成小圆点。
- 改变系统变量 PDMODE 和 PDSIZE 的值后,只影响以后绘制的点,而已绘制的点不会发生改变,只有在"重生成"命令或重新打开图形时才会被改变。
- 由工具栏和命令行执行 POINT 命令时,一次只能绘制一个点。
- 连续绘制点命令 Multiple POINT 的执行过程按 Esc 键结束。

3．**定数等分**

"定数等分"命令(DIVIDE)以等分长度放置点或图块。被等分的对象可以是直线、圆、圆弧、多义线等实体。等分点只是按要求在等分对象上写出点标记。

(1) 操作步骤

执行 DIVIDE(DIV)命令或"绘图"→"点"→"定数等分"命令后系统提示如下。

选择要定数等分的对象:
输入线段数目或[块(B)]:

(2) 说明

命令提示中各选项功能如下。

① 输入线段数目:输入线段的等分段数,在指定的对象上绘出等分点。

② 块(B):按给定的数目分段,在等分点处插入指定的块对象。

【例 3-10】 绘制图 3-17 所示的图形。

（1）执行 DIV 命令。

选择要定数等分的对象：　　　　　　　　//选择要等分的圆
输入线段数目或[块(B)]：5↙

（2）用 LINE 命令将等分点连接起来。

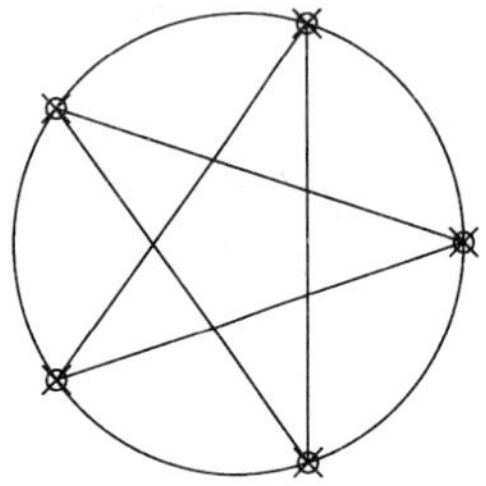

注意：

- 与断开不同，图线等分只是在图线上作出点的标记，并不真
  正将图线打断。

图 3-17　定数等分

- 等分点与等分数是两个不同的概念，一个直线作五等分时，只产生四个等分点。

4．定距等分

"定距等分"命令(MEASURE)用于在选择对象上用给定的距离放置点或图块。

（1）操作步骤

执行 MEASURE(ME)命令或"绘图"→"点"→"定距等分"命令后系统提示如下。

选择要定距等分的对象：
指定线段长度或[块(B)]：

（2）说明

命令提示中各选项功能如下。

① 指定线段长度：给定单元段长度，系统自动测量实体，并以给定单元段长度等距绘制辅助点。

② 块(B)：经给定单元段长度等距插入给定图块。

注意： 定距等分与定数等分不同，定数等分是按照等分数在线段上作出距离相等的标记；而定距等分则是根据用户给定的距离值在线段上作出标记，当线段的长度不是所给距离值的整数倍时，将在线段的尾端出现间距不等的情况。

3.6　图案填充和渐变色

在机械工程图中，图案填充用来表示零件被剖切的位置，而不同的图案填充可以表示不同的零部件或者不同的材料等。

1．图案填充

"图案填充"命令(BHATCH/HATCH)用来表示零件剖切面的断面或表示不同的材质；在工业设计的图案设计中设置花纹和底色；建筑装潢设计中的图案平铺等也常常需要在某个区域内填充特定的图案。

（1）调用方式

① 菜单命令："绘图"→"图案填充"命令。

② 工具栏："常用"选项卡→"绘图"面板→"图案填充"命令，"绘图"工具栏中的"图案填充"按钮 。

③ 命令：BHATCH(H 或 BH)。

（2）操作步骤

执行 BHATCH(H 或 BH)/HATCH 命令后，系统弹出"图案填充和渐变色"对话框，如图 3-18 所示。

图 3-18 "图案填充和渐变色"对话框

（3）说明

① 类型和图案。

a. 类型(T)：图案的种类，包括预定义、用户定义、自定义 3 个选项。

b. 图案(P)：在该选项中选择具体图案。

c. 样例：显示所选图案的预览图形。

② 角度和比例。

a. 角度(G)：输入填充图案与水平方向的夹角。

b. 比例(S)：选择或输入一个比例系数，控制图线间距。

c. 间距(E)：使用"用户定义"类型时，设置平行线的间距。

d. ISO 笔宽(O)：使用 ISO 图案时，在该下拉框中选择图线间距。

③ 图案填充原点。

a. 使用当前原点(T)：使用当前 UCS 的原点(0,0)作为图案填充原点。

b. 指定的原点：指定填充图案原点。

④ 边界。

a. 拾取点(K)：临时关闭对话框，拾取边界内的一点，按＜Enter＞键，系统自动计算包围该点的封闭边界,返回对话框。

　　b. 选择对象(B):从待选的边界集中,拾取要填充图案的边界。该方式忽略内部孤岛。

　　c. 删除边界(D):临时关闭对话框,删除已选中的边界。

　　d. 重新创建边界(R):重新创建填充图案的边界。

　　e. 查看选择集(V):亮显图中已选中的边界集。

　　⑤ 继承特性。将已有填充图案的特征,复制给要填充的图案。

　　注意:填充图案时边界必须封闭。当系统提示"无效边界"时,应检查各连接点处是否封闭。

2. 渐变色

　　(1)调用方式

　　① 菜单命令:"绘图"→"渐变色"命令。

　　② 工具栏:"常用"选项卡→"绘图"面板→"渐变色"命令,"绘图"工具栏中的"渐变色"按钮 。

　　③ 命令:GRADIENT。

　　(2)操作步骤

　　执行 BHATCH(H 或 BH)/HATCH 命令后,系统弹出"图案填充和渐变色"对话框,如图 3-19 所示。

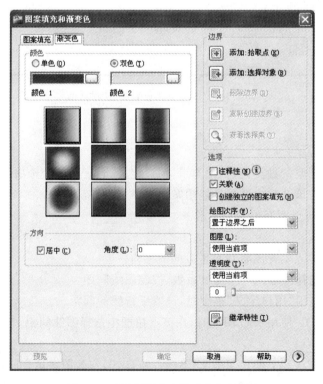

图 3-19 "图案填充和渐变色"对话框

（3）说明

① 颜色。

a. 单色：用一种颜色从深色到浅色均匀过渡填充，单击 ▭ 按钮可弹出"选择颜色"对话框，可自选颜色。

b. 双色：两种颜色间的均匀过渡渐变填充图案。

② 方向。

a. 居中：对称的渐变颜色填充。

b. 角度：相对当前 UCS 指定的渐变填充角度，与指定给图案填充的角度间无关联。

3.7 本章小结

本章重点讲解了 AutoCAD 的二维绘图工具，其中包括直线类、圆弧类、多边形、点和样条曲线等图形的绘制方法及技巧。同时，介绍了图案填充功能，当需要填充图案时，首先应该有对应的填充边界。

3.8 复习思考题

1. 熟练掌握绝对坐标、相对坐标、极坐标、重复坐标的表示和使用方法。通过 LINE 命令分别采用前 5 种坐标绘制图形如图 3-20 所示，其中括号中的数值表示每一图形起始点的 X、Y 坐标值。

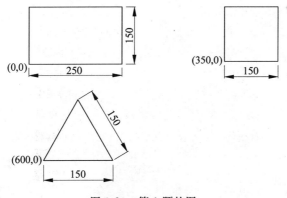

图 3-20 第 1 题的图

2. 如何设置点的形状和大小？请按图 3-21 所示设置点的大小和形状，注意观察是否能同时得到 4 种点的效果，为什么？

3. 利用多段线和圆命令绘制下列机械配件，如图 3-22 所示。

4. 利用圆和直线命令绘制如图 3-23 所示的平面图形。

5. 利用多边形命令绘制图 3-24 所示的图形。

6. 图案填充的练习，如图 3-25 所示。

图 3-21 第 2 题的图

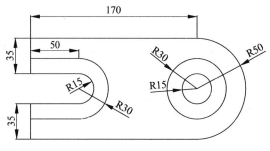

图 3-22　机械配件

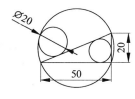

图　3-23

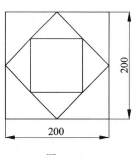

图　3-24

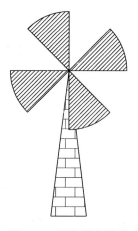

图 3-25　图案填充练习

第4章　二维图形的编辑

教学目标:

本章重点讲解删除、复制、镜像、移动、偏移、阵列、旋转、修剪、延伸、圆角等命令及编辑二维图形的方法。通过本章的学习,读者能够综合运用多种图形编辑命令完成二维图形的编辑。

4.1　对象选择集的设定

在绘图过程中经常需要调整图形,这就需要使用图形编辑功能。编辑的顺序有两种:先启动编辑命令,然后选择对象;或者先选择对象,再执行编辑命令(第二种方法需要预先设置"选项"对话框"选择"选项卡中"选择集模式"区的"先选择后执行"打开,并选择"启用夹点"选项)。无论哪种方法,对图形的编辑都涉及选择对象。如何快速、准确、便捷地选择对象呢? 下面介绍 10 种常用的对象选择方式。

(1) 点选方式:也称为"直接拾取对象方式",即通过鼠标直接点取对象。

(2) 框选方式:鼠标在图形空白处单击,并按住鼠标不松开拖拽至另一个位置单击,然后松开鼠标,此时会形成一个以这两个点为对顶点的矩形窗口。如果窗口是从左向右框选的,那么只有在矩形框内的对象才能被选中,此方法也称为"窗口"方式;如果窗口是从右向左框选的,矩形框内的对象被选中的同时与矩形框相交的图形也被选中,此方法也称为"窗交"方式。

(3) 圈围方式:当提示选择对象时,在命令行输入 WP 后按 Enter 键,用鼠标连续单击可以构成一个任意不规则的多边形,且多边形内的对象被选中。

(4) 圈交方式:当提示选择对象时,在命令行输入 CP 后按 Enter 键,用鼠标连续单击可以构成一个任意不规则的多边形,多边形内的对象被选中而且与多边形相交的对象也被选中。

(5) 交替选择对象:当提示选择对象时,如果要选择的对象与其他一些对象离得很近,则很难准确地选取到此对象。用户可以使用"交替选择对象"的方法,按住 Ctrl 键并将点选框压住用户要选择的对象,然后单击,知识选择框所压住的对象之一被选中,如果该对象不是用户要的对象,松开对象,松开 Ctrl 键,继续单击,随着每一次鼠标的单击,会依次选中选择框所压住的对象,这样就可以选择到用户要的对象了。

(6) 上一个:当提示选择对象时,在命令行输入 L 后按 Enter 键,则会选中最近一次创建的图形对象。

（7）前一个：当提示选择对象时，在命令行输入 P 后按 Enter 键，则会选择最近一次创建的选择集。

（8）栏选方式：当提示选择对象时，在命令行输入 F 后按 Enter 键，在图形区域画一条线，凡是与栏相交的图形对象都被选中。

（9）快速选择：单击工具栏里面的"快速选择"按钮，可以根据"对象选择"对话框的提示，设置选择条件，可以得到一个按过滤条件构造出来的选择集。

（10）全选方式：当提示选择对象时，在命令行输入 ALL，会自动选择所有对象。

4.2　图形的编辑

1. 删除（ERASE）

在绘图工作中，经常会有一些没有作用的图形需要删除，ERASE 命令为用户提供了删除图形对象的方法。

（1）启动 ERASE 命令，可以用下面 3 种方法。

① 在"修改"工具栏上，单击"删除"按钮 。

② 在命令行输入 ERASE 或简捷命令 E 按 Enter 键。

③ 选择"修改"菜单→"删除"命令。

（2）主要参数说明。

选择对象：选择所要删除的对象。

注意：

- 选中图形，然后按 DELETE 键也可以进行删除操作。
- 可用 OOPS 命令恢复最近一次 Erase 命令删除的实体。

2. 复制（COPY）

图形的复制是将图形从一个位置复制到指定位置，而原图形不会发生变化。

（1）启动 COPY 命令，可以用下面 3 种方法。

① 在"修改"工具栏上，单击"复制"按钮 。

② 在命令行输入 COPY 或简捷命令 CO 或 CP 后按 Enter 键。

③ 选择"修改"→"复制"命令。

（2）主要参数说明。

① 选择对象：选择所要复制的对象。

② 指定基点或位移，或者"重复（M）"选项：要求确定复制操作的基准点位置或进行多次复制。

③ 指定位移的第二点：要求确定复制目标的终点位置。

注意：

- 连续复制多个图形可在命令行的子命令后输入"M"。
- 原则上基点可以设置在任一位置，但建议将基点选择在实体的几何中心或实体上的特殊点上，这样便于操作。

【例 4-1】 利用复制工具完成图 4-1 所示的图形。

具体操作如下。

(1) 先绘制一大一小两个同心圆。

(2) 然后,选择复制工具,或在命令行输入 COPY。

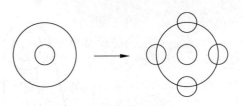

图 4-1 图形的复制

选择对象:	//选择内部的小圆
指定基点或 [位移(D)] <位移>:	//捕捉小圆圆心作为基点
指定第二个点或 <使用第一个点作为位移>:	//捕捉大圆上象限点
指定第二个点或 [退出(E)/放弃(U)] <退出>:	//捕捉大圆下象限点
指定第二个点或 [退出(E)/放弃(U)] <退出>:	//捕捉大圆左象限点
指定第二个点或 [退出(E)/放弃(U)] <退出>:	//捕捉大圆右象限点
指定第二个点或 [退出(E)/放弃(U)] <退出>:	//按 Enter 键结束

3. 镜像(Mirror)

在绘图过程中,经常会遇到一些对称的图形,可以利用"镜像"命令将图形沿着指定的两点构成的对称轴进行对称复制,源对象可以保留,也可以删除。

(1) 启动 Mirror 命令,可以用下面三种方法。

① 在"修改"工具栏上单击"镜像"按钮。

② 在命令行输入"Mirror"或简捷命令"MI"后按 Enter 键。

③ 选择"修改"→"镜像"命令。

(2) 主要参数说明。

① 选择对象:选择所要镜像的对象。

② 指定镜像线第一点:镜像参考线的一个端点。

③ 指定镜像线第二点:镜像参考线的另一个端点。

④ "是否删除源对象? [是(Y)/否(N)]<N>:":默认按 Enter 键或者输入"N"表示不删除源对象,如果输入"Y"表示删除源对象。

注意:

- 镜像线可以是任一角度的直线,也可以是一条实质上不存在的辅助绘图线。
- 在镜像文本时,由系统变量控制文本镜像顺序。系统变量 mirrortext=0 时,文本只是位置发生镜像,从左到右的顺序并没有发生镜像;而系统变量 mirrortext=1 时,它的位置和顺序与其他实体一样都发生了镜像。

【例 4-2】 文字镜像如图 4-2 所示。

AutoCAD2010   AutoCAD2010   AutoCAD2010

(a) mirrortext=0   (b) 原图   (c) mirrortext=1

图 4-2 文字镜像

【例 4-3】 利用"镜像"命令完成图 4-3 所示的图形。

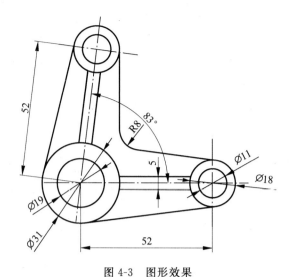

图 4-3　图形效果

具体步骤如下。

（1）绘制图中心线，如图 4-4 所示。

（2）按照给定的尺寸绘制出 4 个圆，如图 4-5 所示。

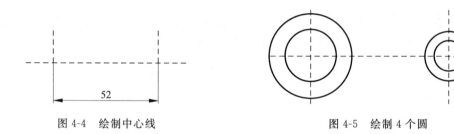

图 4-4　绘制中心线　　　　　　　　　　　　图 4-5　绘制 4 个圆

（3）按照给定的尺寸绘制出直线和切线，如图 4-6 所示。

（4）使用"镜像"命令，以 AB 直线为镜像线，完成图形，如图 4-7 所示。

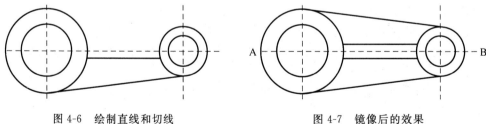

图 4-6　绘制直线和切线　　　　　　　　　　图 4-7　镜像后的效果

（5）按照规定尺寸，角度应该为 41.5°，绘制直线 CD，如图 4-8 所示。

（6）使用"镜像"命令，以 CD 线为镜像线，完成图形，如图 4-9 所示。

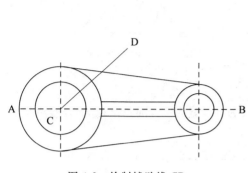

图4-8 绘制辅助线CD

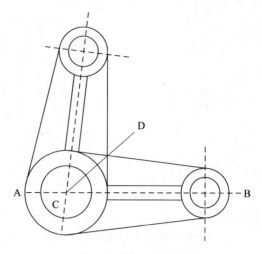

图4-9 镜像后的效果

（7）还有一处R8的圆弧暂时无法完成，等学完"倒圆角"命令或者"修剪"命令后再对此图进行处理。

4. 偏移（OFFSET）

在制图过程中，经常遇到一些间距相等、形状相似的图形，如环形跑道、人行横道等。对于这类图形，CAD提供了Offset命令，使用户能够快速便捷地偏移复制图形。

（1）启动OFFSET命令，可以用下面3种方法。

① 在"修改"工具栏上，单击"偏移"按钮 。

② 在命令行输入OFFSET或简捷命令O后按Enter键。

③ 选择"修改"菜单→"偏移"命令。

（2）主要参数说明。

① 指定偏移距离或（通过T）。

a. 用户可直接输入一个数值确定偏移量。

b. 输入T后，用户可确定一个偏移点，从而使偏移复制后的新实体通过该点。

② 选择要偏移的对象：选择要进行偏移的图形对象。

③ 指定要偏移的那一侧上的点：确定新偏移出来的图形对象相对原图形的对象的方位。

注意：

- OFFSET命令和其他的编辑命令不同，只能用直接拾取的方式一次选择一个实体进行偏移复制。
- 其只能选择偏移直线、圆、多段线、椭圆、椭圆弧、多边形和曲线，不能偏移点、图块、属性和文本。
- 对于圆、椭圆、椭圆弧等实体，偏移时将同心复制、偏移前后的实体将同心。
- 多段线的偏移将逐段进行，各段长度将重新调整。

图4-10所示分别是直线偏移、圆偏移、圆弧偏移、椭圆偏移、多段线偏移和多边形偏移。

【例4-4】 利用偏移工具，绘制图4-11所示的图形。

图 4-10　各图形的偏移　　　　　　　　图 4-11　底板

具体步骤如下。

（1）先在适当的位置，绘制一个圆角矩形，长为 30，宽为 25，圆角半径为 3，然后把此矩形向内偏移，偏移距离为 5，如图 4-12 所示。

（2）分别以内矩形的 4 个角为圆心，绘制半径为 3 的圆，如图 4-13 所示。

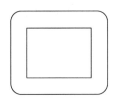　　　　　　　　　　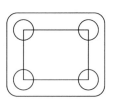

图 4-12　矩形的绘制和偏移　　　　　　　图 4-13　绘制小孔

（3）删除内矩形，完成底板的绘制，如图 4-11 所示。

5. 阵列（ARRAY）

利用 COPY 命令可以一次复制多个图形，但要复制呈规则分布的实体目标仍不是特别方便。CAD 提供了阵列工具，可以使图形按矩形或环形方式多重复制对象。

（1）启动 ARRAY 命令，可以用下面 3 种方法。

① 下拉菜单：选择“修改”菜单→“阵列”命令。

② 工具栏：单击“阵列”工具栏中的“Array 工具”按钮 ⊞。

③ 输入 ARRAY 或 AR 并按 Enter 键。

（2）图形阵列分为矩形阵列（R）和环形阵列（P）两种类型，如图 4-14 所示。

　　　　　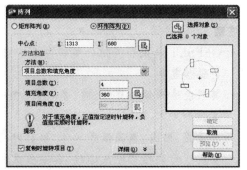

(a) 矩形阵列　　　　　　　　　　　　(b) 环形阵列

图 4-14　“阵列”对话框

（3）"阵列"对话框中各选项或按钮的意义。

① 矩形（环形）阵列：选择矩形（环形）阵列类型。

② 选择对象：选择要进行阵列的对象。

③ 行（列）数：行（列）方向的阵列数量。

④ 行偏移（列偏移）：行（列）方向的对象之间的距离。

⑤ 阵列角度：定义阵列的旋转角度。

⑥ 中心点：环形阵列的中心点，即以那个点为圆心进行环形阵列。

⑦ 项目总数：环形阵列对象的总数量。

⑧ 填充角度：环形阵列包含的角度。

⑨ 项目间角度：相邻阵列对象间包含的角度。

⑩ 复制时旋转项目：控制阵列对象是否旋转。

注意：

- 行间距、列间距有正、负之分。当行间距为正值时，CAD向上阵列实体；当行间距为负值时，向下阵列实体。当列间距为正值时，向右阵列实体；当列间距为负值时，向左阵列实体。

- 如果要生成倾斜矩形阵列，可以打开"草图设置"对话框中的"捕捉和栅格"选项卡，在"捕捉"选项组中的"角度"文本框中输入倾斜的角度，然后再绘制矩形阵列图形。

- 设置行间距和列间距时要注意选取适当的数值，例如绘制一个长为30、宽为10的矩形，把它阵列4行4列。如果行间距设置为20，列间距设置为40，阵列效果如图4-15所示；如果行间距设置为10，列间距设置为30，阵列效果如图4-16所示。

- 当环形阵列时，如果在"填充角度"选项后输入一个正的角度，则按逆时针方向环形阵列；若输入的角度值为负值，则按顺时针方向环形阵列。

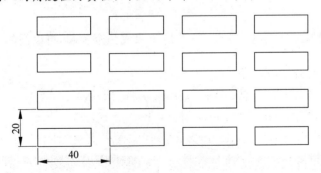

图 4-15　阵列效果 1

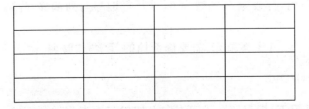

图 4-16　阵列效果 2

【例 4-5】 利用环形阵列绘制图 4-17 所示的图形。

具体步骤如下。

（1）绘制两条长度为 80 的垂直平分线，然后多段线绘制半径为 25 的弧，如图 4-18 所示。

（2）环形阵列弧，以两条线的交点为中心点，项目数是 4，角度是 360°，选取两个弧线为阵列对象，完成此图形。

【例 4-6】 利用矩形阵列绘制鱼鳞式瓦花漏窗，如图 4-19 所示。

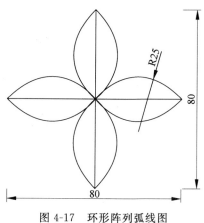

图 4-17　环形阵列弧线图

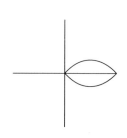

图 4-18　绘制直线和两个弧线

图 4-19　鱼鳞式瓦花漏窗

具体步骤如下。

（1）先使用圆弧工具绘制一个半圆，然后镜像成一个整圆，再以圆的象限点绘制两个圆弧，如图 4-20 所示。

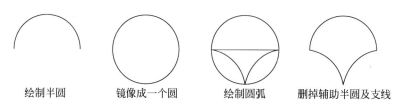

绘制半圆　　　　镜像成一个圆　　　　绘制圆弧　　　　删掉辅助半圆及支线

图 4-20　图形绘制过程

（2）把此图形阵列，行数为 5，列数为 6，进行行偏移与列偏移，阵列角度为 0，如图 4-21 所示。

（3）绘制外框矩形，并图案填充，需要修剪掉的等学完“修剪”命令后再完成。

6. 图形的移动（MOVE）

“移动”命令（MOVE）指图形在指定方向上按指定距离移动。

（1）启动 MOVE 命令，可以用下面 3 种方法。

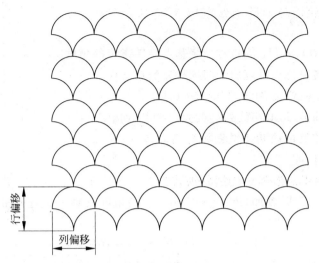

图 4-21 阵列后效果

① 在"修改"工具栏上,单击"移动"按钮 ✛。

② 在命令行输入 MOVE 或简捷命令 M 后按 Enter 键。

③ 选择"修改"→"移动"命令。

(2) 主要参数说明。

① 选择对象:选择所要移动对象。

② 基点:移动对象的参考点。

③ 位移:原位置和目标位置之间的位移。

注意:移动用于重新定位对象,它仅仅是在指定的方向上按指定的距离进行移动,而不会增加对象的数目,也不会改变对象的大小和方向。

【例 4-7】 利用移动工具把圆从(0,0)坐标移动到(100,100)坐标处,如图 4-22 所示。

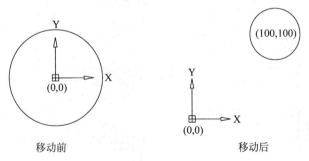

图 4-22 移动圆

具体步骤如下。

(1) 以(0,0)坐标为圆心绘制一个半径为 30 的圆。

(2) 然后,选择移动工具,或在命令行输入 MOVE。

```
选择对象:                              //选择圆
指定基点或［位移(D)］<位移>:            //选择圆的圆心
指定第二个点或 <使用第一个点作为位移>:   //输入"100,100"
```

7. 旋转（ROTATE）

"旋转"命令（ROTATE）能将对象绕基点旋转指定的角度。

（1）启动"旋转"命令，可以用下面3种方法。

① 在"修改"工具栏上，单击"旋转"按钮 ⟳ 。

② 在命令行输入"Rotate"或简捷命令"RO"后按 Enter 键。

③ 选择"修改"菜单→"旋转"命令。

（2）主要参数说明。

① 选择对象：要求选择所要旋转的对象。

② 指定旋转角度或[参照（R）]：确定绝对旋转角度或输入 R 选择相对参考角度方式。

注意：

- 旋转角度有正、负之分，正值为逆时针，负值为顺时针。
- 选择"R"选项后，要求用户确定相对于某个参考方向的参考角度和新角度。其选项如下。

指定参考角度：确定相对于参考方向的参考角度。此时，用户可直接输入具体角度数值，也可确定两个点并通过这两个点的连线确定一个角度。通常是利用目标捕捉功能确定特殊点来定义参考角度。

指定新角度：确定相对参考方向的新角度。此时，用户可直接输入一个角度，也可以确定一个点，通过该点和前面所定义的旋转基点来确定新角度。

【例 4-8】 利用旋转命令完成图 4-23 所示的图形。

具体步骤如下。

（1）利用多段线绘制此图形，如图 4-24 所示。

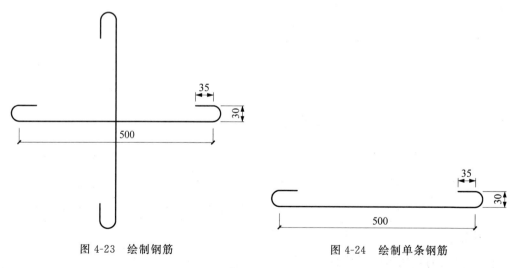

图 4-23　绘制钢筋　　　　　　图 4-24　绘制单条钢筋

（2）选择旋转工具，或在命令行输入"RO"。

```
选择对象：                          //选择单条钢筋
指定基点：                          //选择钢筋的中点
指定旋转角度，或 [复制(C)/参照(R)] <0>：C
```

指定旋转角度,或[复制(C)/参照(R)]<0>:90↙

效果如图 4-25 所示。

8. 缩放(SCALE)

"缩放"命令(SCALE)能将被选择对象相对于基点按照比例放大或缩小。

(1)启动 SCALE 命令,可以用下面 3 种方法。

① 在"修改"工具栏上单击"缩放"按钮 。

② 在命令行输入 SCALE 或简捷命令 SC 按 Enter 键。

③ 选择"修改"→"缩放"命令。

(2)主要参数说明。

① 选择对象:要求选择所要缩放的对象。

② 指定比例因子或[复制(C)/参照(R)]。

a. 指定比例因子:输入放大或缩小的比例数值。

b. 输入"C",然后输入比例因子,会复制出一个相同的对象,并将复制出来的这个图形对象进行缩放,原图形对象保留原样。

c. 输入"R"选择相对参考角度方式。

注意:

- 比例系数必须是正数。
- 如果比例系数大于1,实体目标将被放大;如果比例系数小于1,实体目标将被缩小。

【例 4-9】 利用缩放命令完成图 4-26 所示的图形。

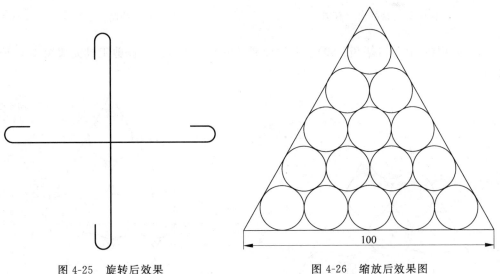

图 4-25　旋转后效果　　　　　　图 4-26　缩放后效果图

具体步骤如下。

(1)因为不知道圆半径的值,用户可以随意设定一个半径值,最后用缩放工具来重新调整圆的大小。假定设置圆半径为10,先绘制一个半径为 10 的圆,然后对象捕捉象限点复制出 4 个圆,如图 4-27 所示。

（2）利用切点、切点、半径法绘制圆，然后对象捕捉象限点复制出 3 个圆，效果如图 4-28 所示。

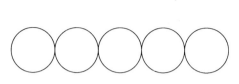

图 4-27　绘制最底层圆

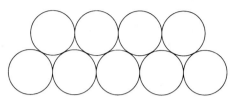

图 4-28　绘制倒数第二层圆

（3）以此类推，完成所有层的圆，效果如图 4-29 所示。

（4）利用直线工具，捕捉圆的切点，绘制出直线，如图 4-30 所示。

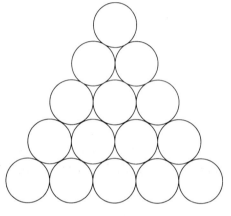

图 4-29　绘制出所有圆

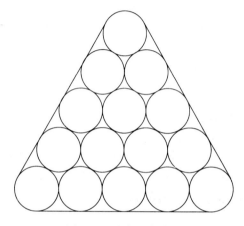

图 4-30　绘制 3 条直线

（5）利用极轴工具（增角：60）或者后面要学的延伸工具以及修剪工具完成图 4-31 所示的图形。

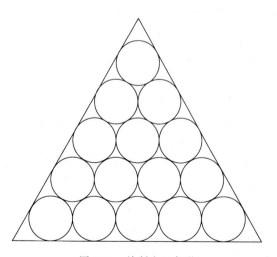

图 4-31　绘制出三角形

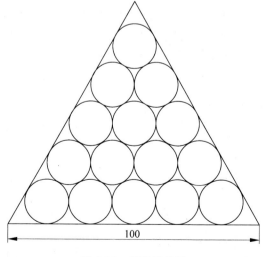

图 4-32　缩放后效果

（6）选择缩放工具，或在命令行输入 SC。

选择对象：   //选择三角形以及所有圆
指定基点：   //选择底边中点
指定比例因子或 [复制(C)/参照(R)]:R
指定参照长度：   //对象捕捉选择底边两个端点
指定新的长度或 [点(P)]: 100 ↙

回车后效果如图 4-32 所示。

9. 拉伸（STRETCH）

当用户需要对图形进行拉伸或压缩时，可以通过"拉伸"命令来完成。

（1）启动"拉伸"命令（STRETCH），可以用下面 3 种方法。

① 在"修改"工具栏上单击"拉伸"按钮 ⬚。

② 在命令行输入 STRETCH 或简捷命令 S 后按 Enter 键。

③ 选择"修改"→"拉伸"命令。

（2）主要参数说明。

① 选择对象：选择要拉伸的对象。

② 指定基点：设定拉伸的基点。

③ 位移：给定拉伸的相对位置。

（3）"拉伸"命令（STRETCH）可拉伸实体，也可移动实体。如果选择的图形实体只有部分包含于选择窗口内，那么将拉伸实体，如图 4-33 所示；如果选择的实体全部落在选择窗口内，则为移动实体，如图 4-34 所示。

注意：

- 用户必须使用圈交方式（CP）或窗交方式（从右向左框选）方式进行选择对象，否则 CAD 将不会拉伸任何实体。

- 并非所有实体只要部分包含于选择窗口内就可被拉伸。CAD 只能拉伸由"直线"、"圆弧"（包括椭圆弧）、"实体"和"多段线"等命令绘制的带有端点的图形实体，且选择窗口内的那部分实体被位伸，而选择窗口外的那部分实体将保持不变。

- 对于没有端点的图形实体，如图块、文本、圆、椭圆等，CAD 在执行命令时，将根据其特征点是否包含在选取窗口内而决定是否进行移动操作，如果特征点在选取窗口内，则移动实体，否则就不移动实体。

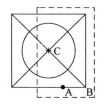 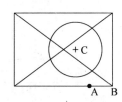

图 4-33 拉伸

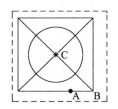 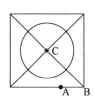

图 4-34 移动

10. 修剪（TRIM）

"修剪"命令（TRIM）能利用边界对图形实体进行修剪。

(1) 启动"修剪"命令（TRIM），可以用下面 3 种方法。

① 在"修改"工具栏上，单击"修剪"按钮 ╱ 。

② 在命令行输入 TRIM 或简捷命令 TR 后按 Enter 键。

③ 选择"修改"→"修剪"命令。

(2) 主要参数说明。

① 选择对象：选择修剪的边界，如图 4-35 所示的 1 和 2 两条线。

② 选择要修剪的对象：选择要被修剪掉的对象，如图 4-35 所示的 3 和 4 两条线。

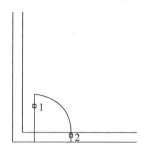
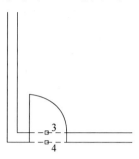

图 4-35　修剪前后

注意：

- 当使用 Trim 命令修剪实体时，第一次选择的实体是剪切边界而并非被剪实体。
- 使用 Trim 命令可以剪切尺寸标注线，并可以自动更新尺寸标注文本，但尺寸标注不能作为剪切边界。
- 可以作为剪切边界的对象有直线、圆弧、圆、椭圆或椭圆弧、多段线、样条曲线、构造线、射线以及文字等。
- 图块和外部引用均不能作为修剪边界和被修剪实体。
- 平行线、区域图样填充、形位公差、单行文本和多行文本可以作为剪切边界，但不能作为被剪切实体。

【**例 4-10**】　利用修剪工具完成图 4-37 所示的图形。

具体步骤如下。

(1) 分别绘制一条水平为 35 的直线和垂直为 35 的直线，然后进行偏移；或者绘制长为 5 宽为 5 的矩形，进行阵列，效果如图 4-36 所示。

(2) 利用修剪工具，逐步把重叠的直线进行修剪，如图 4-37 所示。

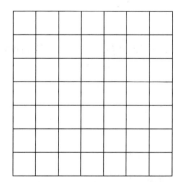
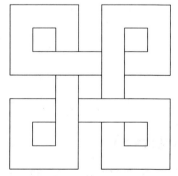

图 4-36　绘制直线组　　　　　　　图 4-37　修剪后图形

11. 延伸（EXTEND）

"延伸"命令（EXTEND）用于以延伸各类曲线或直线。要求用户必须预先定义一个延伸边界，然后选择要延伸到该边界的对象实体。

（1）启动"延伸"命令（EXTEND），可以用下面3种方法。

① 在"修改"工具栏上，单击"延伸"按钮 -/。

② 在命令行输入 EXTEND 或简捷命令 EX 后按 Enter 键。

③ 选择"修改"菜单→"延伸"命令。

（2）主要参数说明。

① 选择对象：选择要延伸到的边界。

② 选择要延伸的对象：选择要被延伸修剪掉的对象。

注意："延伸"和"修剪"是一对操作相同而作用相反的命令，"修剪"命令是用边界对图形对象进行剪裁，删除对象的一部分；而"延伸"命令是用边界对图形进行延伸。

如图4-38所示，把B直线延伸到与A直线相交，操作步骤如下。

```
_Extend ↙
选择对象或 <全部选择>:            //选择水平线段 A
选择对象:↙                       //按 Enter 键,结束选择
选择要延伸的对象,或按住 Shift 键选择要修剪的对象,或[栏选(F)/窗交(C)/投影(P)/边(E)/放
弃(U)]:                          //选择在垂直线段 B
选择要延伸的对象,或按住 Shift 键选择要修剪的对象,或[栏选(F)/窗交(C)/投影(P)/边(E)/放
弃(U)]:                          //按 Enter 键,结束选择命令
```

12. 打断于点

打断于点功能是在某一点打断选定对象，适用于直线、开放性多段线和圆弧，不能用于某一点打断一个闭合图形，例如圆、椭圆。

使用方法：单击一下此工具，选择要打断的对象，当此对象亮显后，在此对象要打断的地方单击一下就打断了。

注意：打断于点工具在使用后，原来的图形对象会从该点处断开，一个对象会变成两个对象，如图4-39所示。

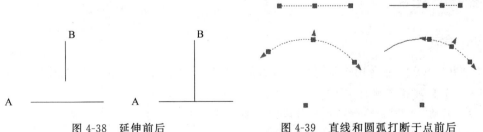

图4-38 延伸前后 　　　图4-39 直线和圆弧打断于点前后

13. 打断（BREAK）

"打断"命令（BREAK）可以把两个指定点间的对象部分删除。

（1）启动 BREAK 命令，可以用下面 3 种方法。

① 在"修改"工具栏上单击"打断"按钮 。

② 在命令行输入 BREAK 或简捷命令 BR 后按 Enter 键。

③ 选择"修改"→"打断"命令。

（2）主要参数说明。

① 选择对象：选择要打断的对象，下一个参数提示决定选择对象的方式。如果使用定点选择对象，则本环节选择对象的点视为第一个打断点。当然，在下一个提示环节里，可以继续指定第二个打断点或者替换第一个打断点。

② 指定第二个打断点或[第一点（F）]：指定第二个打断点 或者输入"F"，重新指定第一点。

注意：

- 在选择打断对象时需注意选择点的位置，否则输入 F 重新选择第一打断点。
- 当被打断对象为圆时，系统将按逆时针方向删除第一点到第二点之间的对象部分；当被打断对象为圆弧、直线等时，按顺时针方向删除第一点到第二点间的对象部分，如图 4-40 所示。
- 在第一打断点处打断图形，可将起点和终点选择为一点；或者在命令行中输入"@"后按 Enter 键即可。

【例 4-11】 使用打断工具完成图 4-41 所示的图形。

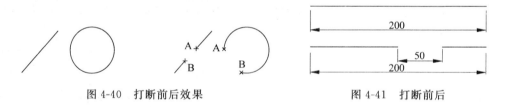

图 4-40 打断前后效果　　　　　图 4-41 打断前后

具体步骤如下。

打断工具或者 Break 命令

```
选择对象：                    //选择直线段
指定第二个打断点 或 [第一点(F)]：  //F,激活"第一点"选项
指定第一个打断点：             //捕捉中点作为第一断点
指定第二个打断点:@50,0↙
```

14. 合并（JOIN）

"合并"（JOIN）命令用于将同角度的两条或多条线段合并为一条线段，将圆弧或椭圆弧合并为一个整圆和椭圆。

（1）启动"合并"命令（JOIN），可以用下面 3 种方法。

① 在"修改"工具栏上单击"合并"按钮 。

② 在命令行输入 JOIN 或简捷命令 J 后按 Enter 键。

③ 选择"修改"→"合并"命令。

（2）主要参数说明。

① 选择源对象：选择要合并的源对象。源对象可以是一条直线、多段线、圆弧、椭圆弧、样条曲线。

② 根据选定的源对象，会出现不同的提示。

a. 如果选择的是一条直线，会提示"选择要合并到源的直线"：选择一条或多条直线并按 Enter 键，所有直线将会合并成一条直线。要求所有直线必须共线，之间可以有间隔。

b. 如果选择的是一条多段线，会提示"选择要合并到源的对象"：选择一个或多个对象并按 Enter 键，所有对象会合并成一条多段线。要求所选对象可以是直线、多段线或圆弧，对象之间不能有间隔，并且必须共面。

c. 如果选择的是一个圆弧，会提示"选择圆弧以合并到源或进行［闭合(L)］"：选择一个或多个圆弧并按 Enter 键，或输入"L"。要求所选的圆弧对象必须位于同一假想的圆上，但是它们之间可以有间隙。"闭合"选项可将源圆弧转换成圆。同时注意合并两条或多条圆弧时，将从源对象开始按逆时针方向合并圆弧。

d. 如果选择的是一个椭圆弧，会提示"选择椭圆弧以合并到源或进行［闭合(L)］"：选择一个或多个椭圆弧并按 Enter 键，或输入"L"。要求所选的椭圆弧对象必须位于同一假想的椭圆上，但是它们之间可以有间隙。"闭合"选项可将源圆弧转换成椭圆，同时注意合并两条或多条椭圆弧时，将从源对象开始按逆时针方向合并椭圆弧。

e. 如果选择的是一条样条曲线，会提示"选择要合并到源的样条曲线或螺旋"：选择一条或多条样条曲线并按 Enter 键，会合并成一条样条曲线。要求所选样条曲线必须是没有间隔，端点和端点是相互衔接的。

【例 4-12】 使用合并工具完成图 4-42 所示的图形。

具体步骤如下。

（1）绘制一条长度为 35 的多段线，然后以距离 5 偏移。

（2）捕捉两线端点以两点法绘制圆，同样绘制出另一端的圆。

（3）使用"修剪"命令，修剪出一个环形，如图 4-43 所示。

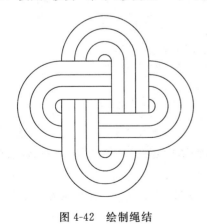

图 4-42 绘制绳结

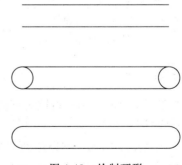

图 4-43 绘制环形

（4）选择合并工具或者 Join 命令。

选择源对象： //选择其中一条多段线

选择要合并到源的对象：　　　　　　　//选择剩余的两个圆弧和一条多段线

按 Enter 键后此环形被合并成一个对象。

（5）依次以距离 5 向外偏移，效果如图 4-44 所示。

（6）以小环形的两个圆心作一条辅助线，旋转环形组。

```
_ROTATE ↙                        //也可选择旋转工具
选择对象：                        //选择环形组
指定基点：                        //选择辅助线中点
指定旋转角度，或 [复制(C)/参照(R)] <0>:C ↙
指定旋转角度，或 [复制(C)/参照(R)] <0>:90 ↙
```

效果如图 4-45 所示。

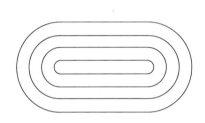

图 4-44　绘制环形组

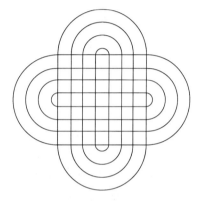

图 4-45　旋转后的效果

（7）删除辅助线，进行修剪。

15．倒角（CHAMFER）

"倒角"（CHAMFER）命令的功能是给对象加倒角。

（1）启动"倒角"命令（CHAMFER），可以用下面 3 种方法。

① 在"修改"工具栏上，单击"倒角"按钮 ⌐。

② 在命令行输入 CHAMFER 或简捷命令 CHA 后按 Enter 键。

③ 选择"修改"→"倒角"命令。

（2）主要参数说明。

① 多段线（P）：选择此项，可以使二维多段线的各个顶点处倒角。

② 距离（D）：设置两条线段的倒角距离，如果将两个距离均设定为零，Chamfer 命令将延伸或修剪两条直线，以使它们终止于同一点。

③ 角度（A）：设置第一条直线的倒角距离和从第一条直线开始的角度来确定倒角的位置。

④ 修剪（T）：控制倒角时是否进行修剪。

⑤ 方式（E）：控制 Chamfer 命令使用两个距离还是一个距离和一个角度来创建倒角。

注意：

• "倒角"命令能连接两个非平行的对象，通过延伸或修剪使它们相交。

• "倒角"命令能对直线、多段线、矩形、多边形进行倒角处理。

【例 4-13】 使用"倒角"命令完成图 4-46 所示
的图形。

具体步骤如下。

（1）A 顶点处使用距离（D）方式，设置两个倒
角距离完成。

图 4-46 倒角前后

（2）B 顶点处使用角度（A）方式，设置一个距
离和一个角度完成。

（3）C 顶点处使用修剪（T）方式，选择不修剪模式。

（4）D 顶点处设置两个倒角距离均为 0，进行连接即可。

16．倒圆角（FILLET）

"倒圆角"（FILLET）命令能通过一个指定半径的圆弧来光滑地连接两个对象。

（1）启动"倒圆角"命令（FILLET），可以用下面 3 种方法。

① 在"修改"工具栏上单击"倒圆角"按钮　。

② 在命令行输入 FILLET 或简捷命令 F 后按 Enter 键。

③ 选择"修改"→"倒圆角"命令。

（2）主要参数说明。

① 多段线（P）：选择此项，可以使二维多段线的各个顶点处倒圆角。

② 半径（R）：设置两天线段的圆角半径。

③ 修剪（T）：控制倒圆角时是否进行修剪。

注意：倒圆角命令实际上是用一个指定半径的圆弧光滑地连接两个对象，如图 4-47
所示。

图 4-47 倒圆角前后

17．分解（EXPLODE）

"分解"（EXPLODE）命令能分解组合对象，使其所属的图形实体变成可编辑实体。启
用"分解"命令（EXPLODE），可以用下面 3 种方法。

（1）在"修改"工具栏上单击"分解"按钮　。

（2）在命令行输入 EXPLODE 或简捷命令 E 后按 Enter 键。

（3）选择"修改"→"分解"命令。

注意：分解命令用于多段线、块对象等，多段线被分解成直线或圆弧，忽略宽度信息。

4.3 多段线编辑

通过打开和封闭多段线、修改全部线宽或个别片段的宽度、将直线片段转为曲线片段或样条拟合等方式编辑多段线。另外,还可以移动、增加或清除单个顶点来编辑多段线,也可以向已存在的多段线添加新的片段、将弧或直线转换成多段线。

要编辑多段线,必须先调用"多段线"命令,然后选择多段线。要调用"多段线"命令,可以使用以下任一种方法。

(1) 操作方法

① 命令方式:在命令行输入 PEDIT 命令或简捷命令 PE。

② 下拉菜单方式:选择"修改"→"对象"→"多段线"命令。

(2) 主要参数

① 闭合(C):如果选择的多段线是不封闭的,选择此项会使多段线封闭;如果选择的多段线是封闭的,选择此项会删除这条多段线中最后绘制的一段线。

② 合并(J):连接直线、圆弧或多段线以形成一条连续的二维多段线。

③ 宽度(W):按指定的宽度修改所选的二维多段线的全部片段宽度。

④ 编辑顶点(E):用于编辑多段线的各个顶点。

⑤ 拟合(F):将二维多段线转换为由圆弧连接的光滑曲线,并经过二维多段线的所有顶点。

⑥ 样条曲线(S):将一个二维或三维多段线修改为一条样条拟合曲线,使用选定多段线的顶点作为曲线的控制点或边框,曲线将通过第一个和最后一个控制点。曲线上的控制点越多,曲线上这种拉拽的倾向就越大。

⑦ 非曲线化(D):将拟合曲线和样条曲线修改为原始的直线多段线,即拉直多段线的所有线段。

⑧ 线型生成(L):控制围绕二维多段线顶点产生的线型方式,当关闭此项时,将在每个顶点处以线型开始,结束于下一个顶点;当打开此项时,整个多段线连续生成线型。

【例 4-14】 随意绘制一个三角形,把其变成 B 形状,如图 4-48 所示。

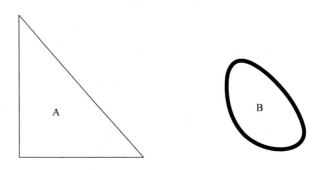

图 4-48　多段线编辑前后

具体步骤如下。

_PEDIT

选择多段线或 [多条(M)]: M
选择对象: //选择 3 条线段
是否将直线、圆弧和样条曲线转换为多段线?[是(Y)/否(N)]? Y
输入选项 [闭合(C)/打开(O)/合并(J)/宽度(W)/拟合(F)/样条曲线(S)/非曲线化(D)/线型生成(L)/
反转(R)/放弃(U)]:J   //输入 J,合并多段线
输入模糊距离或 [合并类型(J)] <0.0000>: ↙
//合并类型默认,模糊距离默认,直接按 Enter 键即可
输入选项 [闭合(C)/打开(O)/合并(J)/宽度(W)/拟合(F)/样条曲线(S)/非曲线化(D)/线型生成(L)/
反转(R)/放弃(U)]:S
//输入 S,拟合成样条曲线
输入选项 [闭合(C)/打开(O)/合并(J)/宽度(W)/拟合(F)/样条曲线(S)/非曲线化(D)/线型生成(L)/
反转(R)/放弃(U)]:W
//输入 W,修改线条宽度
指定所有线段的新宽度: 5 ↙

4.4 多线编辑

1. 多线样式编辑

选择"格式"→"多线样式"命令(MLSTYLE),打开"多线样式"对话框,可以根据需要
创建多线样式,设置其线条数目和线的拐角方式。该对话框中各选项的功能如图 4-49
所示。

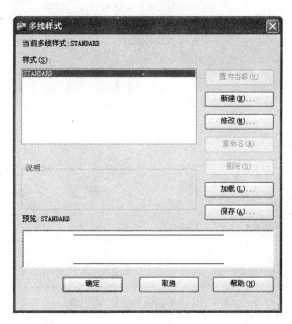

图 4-49 "多线样式"对话框

在"创建新的多线样式"对话框中,单击"继续"按钮,将打开"新建多线样式"对话框,可
以创建新多线样式的封口、填充、元素特性等内容,如图 4-50 所示。

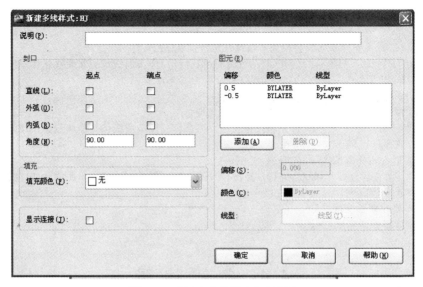

图 4-50 "新建多线样式"对话框

2．多线编辑

选择"修改"→"对象"→"多线"命令或者 MLEDIT 命令，打开"多线编辑工具"对话框如图 4-51 所示。

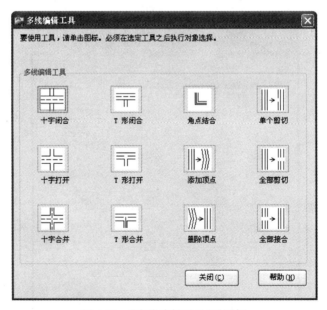

图 4-51 "多线编辑工具"对话框

各项说明如下。

（1）十字闭合：两条多线之间创建闭合的十字交点，第一条多线断开，第二条多线保持原状。

（2）十字打开：两条多线之间创建打开的十字交点，第一条多线的所有元素都断开，第二条多线外部元素断开内部元素保持原状。

（3）十字合并：两条多线之间创建合并的十字交点，两条多线外部元素都断开，内部元素都保持原状。

（4）T形闭合：两条多线之间创建闭合的T形交点，第一条多线被修剪或延伸与第二条多线的外线相交，第二条多线保持原状。

（5）T形打开：两条多线之间创建打开的T形交点，第一条多线所有元素断开，从而与第二条多线外线相交；第二条多线内部元素保持原状，两条多线内部元素不相交。

（6）T形合并：第一条多线所有元素断开，从而与第二条多线外线相交；第二条多线内部元素保持原状，两条多线内部元素相交。

（7）角点结合：将多线修剪或延伸到它们的交点处。

（8）添加顶点：用于在多线上添加一个顶点。

（9）删除顶点：用于在多线上删除一个顶点。

（10）单个剪切：用于剪切多线上的选定元素。

（11）全部剪切：将多线剪切成两部分。

（12）全部接合：用于将已被剪切的多线重新接合起来。

【例4-15】 使用多线和多线编辑工具完成图4-52所示的图形。

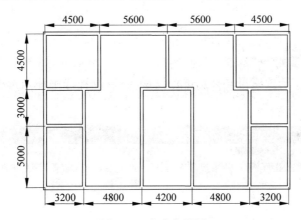

图4-52 室内格局图

具体步骤如下。

（1）选择构造线工具和偏移工具绘制出中心线，如图4-53所示。

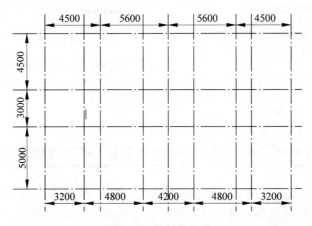

图4-53 绘制中心线

（2）选择多线工具或者在命令行输入 ML。

指定起点或［对正(J)/比例(S)/样式(ST)］:J ✓
输入对正类型［上(T)/无(Z)/下(B)］＜无＞:Z ✓
指定起点或［对正(J)/比例(S)/样式(ST)］:S ✓
输入多线比例＜80.00＞:240 ✓

按照已给数据绘制出多线，如图 4-54 所示。

（3）分别使用"角点结合"、"T 形打开"等多线编辑工具处理图形，效果如图 4-52 所示。

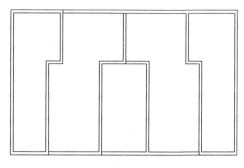

图 4-54　绘制墙体

4.5　夹　点　编　辑

在 AutoCAD 中，夹点是一种集成的编辑模式，提供了一种方便快捷的编辑操作途径。当选择对象时，在对象上将显示出若干个小方框，这些小方框用来标记被选中对象的夹点，夹点就是对象上的控制点，在不执行任何命令的情况下选择对象，显示其夹点，通过拖拽夹点就可以编辑对象。

1．夹点的设置

选择"工具"→"选项"→"选择集"命令，打开"选项"对话框，如图 4-55 所示。通过"选择集"选项卡中的"夹点"选项组可对夹点进行设置，可以设置选中和未选中夹点的颜色，并可调节夹点的大小。

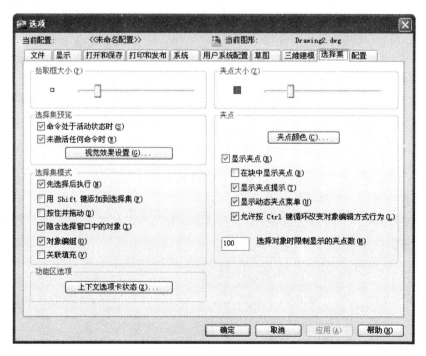

图 4-55　"选择集"选项卡

不同对象上的夹点的数量和位置如表 4-1 所示。

表 4-1　夹点的数量和位置

对 象 实 体	夹点的数量及位置
直线（Line）	中点及两端点
矩形（Rectangle）	四个顶点
多边形（Polygon）	各顶点
圆（Circle）	中心及四个象限点
圆弧（Arc）	弧线中点及两端点
椭圆（Ellipse）	中心及四个象限点
椭圆弧（Ellipse Arc）	中心、椭圆弧中点及两端点
多义线（Pline）	直线段的端点及弧线段的中点和两端点
填充（Bhatch）	图样填充的插入点
单行文本（Text）	文本插入点
多行文本（Mtext）	各顶点
形文件（Shape）	插入点
三维面（3DFace）	周边顶点
图块（Block）	插入点
尺寸标注（Dim）	尺寸文字中心点、尺寸线端点

2．夹点的编辑

（1）使用夹点拉伸对象

选择对象，显示其夹点，单击其中一个夹点作为拉伸的基点，命令行将显示如下提示信息：

指定拉伸点或［基点(B)/复制(C)/放弃(U)/退出(X)］：

默认情况下，指定拉伸点（可以通过输入点的坐标或者直接用鼠标指针拾取点）后，AutoCAD 将把对象拉伸或移动到新的位置。

对于某些夹点，移动时只能移动对象而不能拉伸对象，如文字、块、直线中点、圆心、椭圆中心和点对象上的夹点。

（2）使用夹点移动对象

移动对象仅仅是位置上的平移，对象的方向和大小并不会改变。要精确地移动对象，可使用捕捉模式、坐标、夹点和对象捕捉模式。

在夹点编辑模式下确定基点后，在命令行提示下输入"MO"进入移动模式，命令行将显示如下提示信息。

指定移动点或［基点(B)/复制(C)/放弃(U)/退出(X)］：

通过输入点的坐标或拾取点的方式来确定平移对象的目的点后，即可以基点为平移的起点，以目的点为终点将所选对象平移到新位置。

（3）使用夹点旋转对象

在夹点编辑模式下确定基点后，在命令行提示下输入 RO 进入旋转模式，命令行将显示如下提示信息。

指定旋转角度或〔基点(B)/复制(C)/放弃(U)/参照(R)/退出(X)〕:

默认情况下,输入旋转的角度值后或通过拖动方式确定旋转角度后,即可将对象绕基点旋转指定的角度。此外,也可以选择"参照"选项,以参照方式旋转对象,这与"旋转"命令中的"对照"选项功能相同。

（4）使用夹点缩放对象

在夹点编辑模式下确定基点后,在命令行提示下输入 SC 进入缩放模式,命令行将显示如下提示信息。

指定比例因子或〔基点(B)/复制(C)/放弃(U)/参照(R)/退出(X)〕:

默认情况下,当确定了缩放的比例因子后,AutoCAD 将相对于基点进行缩放对象操作。当比例因子大于 1 时,放大对象；当比例因子大于 0 而小于 1 时,缩小对象。

（5）使用夹点镜像对象

与"镜像"命令的功能类似,镜像操作后将删除原对象。在夹点编辑模式下确定基点后,在命令行提示下输入 MI 进入镜像模式,命令行将显示如下提示信息。

指定第二点或〔基点(B)/复制(C)/放弃(U)/退出(X)〕:

指定镜像线上的第二个点后,AutoCAD 将以基点作为镜像线上的第一点,新指定的点为镜像线上的第二个点,将对象进行镜像操作并删除原对象。

4.6　对象特性编辑

对象特性包含一般特性和几何特性,一般特性包括对象的颜色、线型、图层及线宽等,几何特性包括对象的尺寸和位置。此时,可以直接在"特性"选项板中设置和修改对象的特性。

1. 打开"特性"选项板

选择"修改"→"特性"命令,或选择"工具"→"选项板"→"特性"命令,也可以在"标准"工具栏中单击"特性"按钮,打开"特性"选项板,如图 4-56 所示。

"特性"选项板默认处于浮动状态。在"特性"选项板的标题栏上右击,将弹出一个快捷菜单,可通过该快捷菜单确定是否隐藏选项板、是否在选项板内显示特性的说明部分以及是否将选项板锁定在主窗口中。

2. "特性"选项板的功能

"特性"选项板中显示了当前选择集中对象的所有特性和特性值,当选中多个对象时,将显示它们的共有特性,可以通过它浏览、修改对象的特性。

图 4-56　特性选项板

4.7 本 章 小 结

本章系统地介绍了 AutoCAD 2011 的编辑修改工具,从命令的启动方式、主要参数说明、注意事项等方面详细地讲解了工具的使用方法和使用技巧。通过本章的学习,读者可以掌握 CAD 二维图形编辑修改的基本命令和基本操作,能够综合运用这些命令工具完成二维图形的编辑。

4.8 复习思考题

1. 绘制一个边长为 100 的正十六边形,将各个顶点连线,如图 4-57 所示。

图 4-57 正十六边形

2. 按尺寸绘制和编辑图 4-58 所示的图形。
3. 绘制编辑图 4-59 所示的五角星。

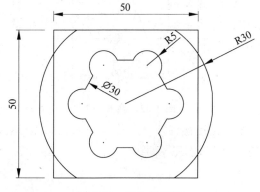

图 4-58 题 2 所用图

图 4-59 五角星

4. 按尺寸绘制图 4-60 所示的花坛。

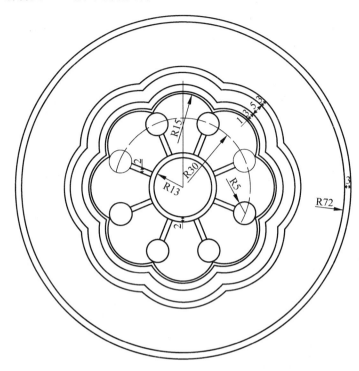

图 4-60 花坛

5. 按尺寸绘制图 4-61 所示的图形。

6. 按尺寸绘制图 4-62 所示的图形。

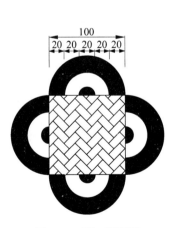

图 4-61 题 5 所用图

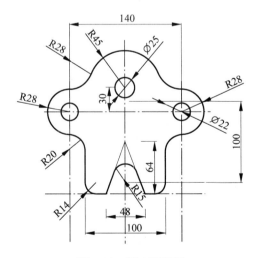

图 4-62 题 6 所用图

7. 按尺寸绘制图 4-63 所示的图形。

8. 按尺寸绘制图 4-64 所示的图形。

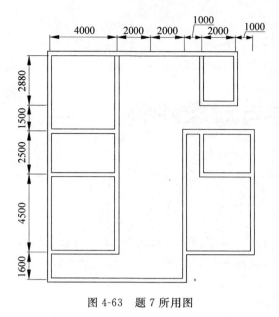

图 4-63　题 7 所用图

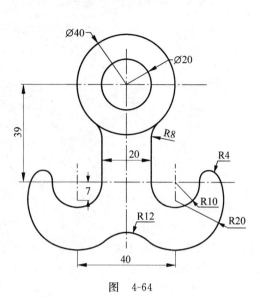

图　4-64

第5章　图层与对象特性

教学目标：

本章重点讲解图层的创建方法，包括设置图层的颜色、线型、线宽和"图层特性管理器"对话框的使用方法。通过本章的学习，读者能够掌握图层的创建并能够设置图层特性和使用图层功能绘制图形。

5.1　图层的创建与应用

1. 图层特性管理器

图层是 CAD 作图必不可少的工具，图层可以想象成没有厚度而且具有相同坐标的若干图纸的叠加。在 CAD 制图中，用户需要绘制复杂图形，在一个图层上绘制显然很麻烦也容易出错。这时候用户就可以利用图层工具，在每个图层绘制整体图形的一部分，由于各个图层透明且相互叠加，这样就会出现用户需要的整体图形效果，当然在绘制完成后也方便用户修改图形。图层具有以下几个特性。

（1）用户可以在一幅图中设置任意一个图层，系统对图层个数没有限制。

（2）系统默认只有一个"0"图层，且名字不可以改，用户可以新建图层并起名字，每个图层均应有不同的名字。

（3）各图层具有相同坐标、图形界限和缩放指数。

（4）一个图层只能设置一种线型、一种颜色及一个状态，但一个图层下的不同实体可以使用不同颜色和线型。

AutoCAD 提供了图层特性管理器，利用该工具用户可以很方便地创建图层以及设置其基本属性。打开"图层特性管理器"对话框可以有下面 3 种方法。

（1）菜单：选择"格式(O)"→"图层(L)"命令。

（2）命令行：输入 LAYER。

（3）工具栏：单击 按钮。

弹出"图层特性管理器"对话框，如图 5-1 所示。"图层特性管理器"对话框用于管理图层。用它既可以创建新图层，也可改变已有图层的特性。

对话框选项的主要功能如下。

（1）新建图层：在绘图过程中，用户可以创建新图层。

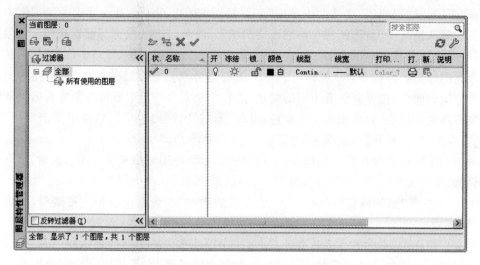

图5-1　"图层特性管理器"对话框

(2) 在所有视口中都被冻结的新图层视口：创建新图层，并将其在所有布局的视口中冻结。

(3) 删除图层：删掉不需要的图层。

(4) 置为当前：选中一个图层，然后单击"置为当前"按钮，可以把该图层设置为当前层。

(5) 状态：显示图层的状态。

(6) 名称：显示图层的名字，可以重命名。

(7) 开/关：当图层处于打开状态时，灯泡亮，图形可见、可打印；当图层处于关闭状态时，灯泡灭，图形不可见、不可编辑、不可打印。

(8) 冻结/解冻：图层被冻结后，为雪花图标，该图层上的图形不可见，不能进行重生成、消隐或打印；图层被解冻后，为太阳图标，该图层上的图形可见，能进行重生成、消隐或打印。

(9) 锁定/解锁：图层被锁定后，锁被扣上，图形可见可输出，但不能被编辑；图层被解锁后，锁被打开，图形可以编辑。

(10) 颜色：用于改变图层中线的颜色。

(11) 线型：用于设定图层中线的线型。

(12) 线宽：用于设定图层中线的线宽。

(13) 打印样式：用于改变选定图层的打印样式。

(14) 打印：控制该图层对象是否打印。

(15) 新视口冻结：冻结新创建视口中的图层。

2．创建新图层

开始绘制新图形时，AutoCAD 将自动创建一个名为"0"的特殊图层。默认情况下，图层 0 将被指定使用 7 号颜色（白色或黑色，由背景色决定）、Continuous 线型、默认线宽及 Normal 打印样式，用户不能删除或重命名图层"0"。在绘图过程中，如果用户要使用更多的图层来组织图形，就需要先创建新图层。

在"图层特性管理器"对话框中单击"新建图层"按钮,可以创建一个名称为"图层 1"的新图层。默认情况下,新建图层与当前图层的状态、颜色、线性、线宽等设置相同。当创建了图层后,图层的名称将显示在图层列表框中,如果要更改图层名称,可单击该图层名,然后输入一个新的图层名并按 Enter 键即可。每个图层都可以设置自己的颜色,对不同的图层可以设置相同的颜色,也可以设置不同的颜色,这样绘制复杂图形时就可以很容易区分图形的各部分。新建图层后,要改变图层的颜色,可在"图层特性管理器"对话框中单击图层的"颜色"列对应的图标,打开"选择颜色"对话框,直接选择颜色即可。

每个图层也可以设置自己的线型,在绘制图形时要使用线型来区分图形元素,默认情况下,图层的线型为 Continuous(连续线型)。要改变线型,可在图层列表中单击"线型"列的 Continuous,打开"选择线型"对话框,在"已加载的线型"列表框中选择一种线型,然后单击"确定"按钮。

在工程图样中,不同的线型其宽度是不一样的,以此提高图形的表达能力和可识别性。每个图层也可以设置自己的线宽,可以在"图层特性管理器"对话框的"线宽"列中单击该图层对应的线宽"默认"按钮,打开"线宽"对话框,有 20 多种线宽可供选择;也可以选择"格式"→"线宽"命令,打开"线宽设置"对话框,通过调整线宽比例,使图形中的线宽显示得更宽或更窄。

5.2　对象特性的控制

对图层进行的控制功能可以通过两个工具栏来实现。有关图层的名称、状态灯信息显示在"图层"工具栏上,当前图层的颜色、线型、线宽等信息显示在"对象特性"工具栏上,如图 5-2 所示。

图 5-2　图层和特性工具栏

通常,在"图层特性管理器"对话框中为每个图层设置好颜色、线型和线宽后,在对应的"对象特性"工具栏中都选择"随层"即可。当然,也可以根据需要另设颜色、线型和线宽。

1. 颜色

"对象特性"工具栏中的颜色控制可以显示图层中图形对象使用的颜色,若想改变该图层的颜色,可以单击"颜色控制"图标,则出现"选择颜色"对话框,如图 5-3 所示,单击所需颜色即可。

图 5-3　"选择颜色"对话框

2．线型

"对象特性"工具栏中的线型控制可以显示图层中图形对象使用的线型，若想改变该图层的线型，可以单击"线型控制"图标，单击"其他"按钮进入"线型管理器"对话框，然后单击"加载"按钮，则出现"加载或重载线型"对话框，如图 5-4 所示，选择所需线型即可。

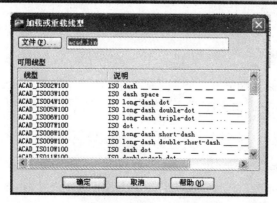

图 5-4　"线型管理器"和"加载或重载线型"对话框

在 AutoCAD 中,系统除了提供连续线型外,还提供了大量的非连续性线型,如虚线、点画线等。非连续线型的显示和实线线型不同,非连续线型在图形中受图形界限影响而显示不同,有时明明画的是非连续线型,可显示出来的却是连续线型,这种情况可以通过设置线型比例来调整。设置线型比例可用"格式"→"线型"→"显示细节"命令来修改全局比例因子,也可以使用 Ltscale 命令来修改全局线型比例。

3. 线宽

"对象特性"工具栏中的线宽控制可以显示图层中图形对象使用的线宽,若想改变该图层的线宽,可以单击"线宽控制"图标,如图 5-5 所示,选择所需线宽即可。

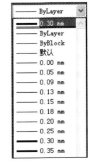

图 5-5 线宽控制框

5.3 管 理 图 层

在 AutoCAD 中,不仅可以创建图层,设置图层的颜色、线型和线宽,还可以对图层进行更多的设置与管理,如设置图层属性、切换当前图层、改变对象所在图层和删除图层等。

1. 设置图层属性

当使用图层绘制图形时,新对象的各种特性将默认为随层,由当前图层的默认设置决定;也可以单独设置对象的特性,且新设置的特性将覆盖原来随层的特性。在"图层特性管理器"对话框中,每个图层都包含状态、名称、打开/关闭、冻结/解冻、锁定/解锁、线型、颜色、线宽和打印样式等特性。

2. 切换当前图层

在"图层特性管理器"对话框的"图层"列表中,选择某一图层后,单击"当前图层"按钮,即可将该层设置为当前层。

在实际绘图时,为了便于操作,主要通过"图层"工具栏和"对象特性"工具栏来实现图层切换,这时只需选择要将其设置为当前层的图层名称即可。此外,"图层"工具栏和"对象特性"工具栏中的主要选项与"图层特性管理器"对话框中的内容相对应,因此也可以用来设置与管理图层特性。

3. 改变对象所在图层

在实际绘图中,如果绘制完某一图形元素后,发现该元素并没有绘制在预先设置的图层上,可选中该图形元素,并在"对象特性"工具栏中的"控制"下拉列表框中选择预设图层名即可。

4. 删除图层

选中要删除的图层后,单击"图层特性管理器"对话框中的"删除"按钮,或按 Delete 键,可删除该层。但是,当前层、0 层、定义点层(当对图形标注尺寸时,系统自动生成的层)、参照层和包含图形对象的层不能被删除。

【例5-1】 绘制图5-6所示的室内格局图。

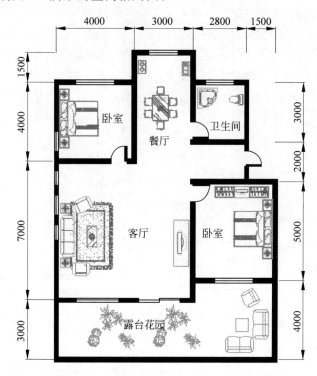

图5-6 室内格局图

具体步骤如下。

(1) 用"格式"→"图形界限"命令将图形界限设置为42000,29700,然后输入"Z",按Enter键,再输入"A",按Enter键,使图形界限全屏显示在屏幕上。

(2) 建立图层,如图5-7所示。

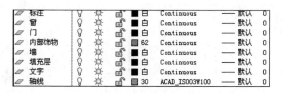

图5-7 设置图层

(3) 选择"轴线"图层,把它置为当前,利用构造线工具和偏移工具绘制出所有轴线,如图5-8所示。

(4) 选择"墙"层,用多线绘制墙体,并且用多线编辑工具编辑处理,效果如图5-9所示。

(5) 选择"窗"层,绘制窗户,如图5-10所示。

(6) 选择"门"层,绘制门,如图5-11所示。

(7) 选择"填充层",填充墙体,如图5-12所示。

(8) 选择"文字"层,写入文字,如图5-13所示。

(9) 选择"内部饰物"层,拖拽饰品,如图5-14所示。

(10) 选择"标注"层,进行标注,如图5-15所示。

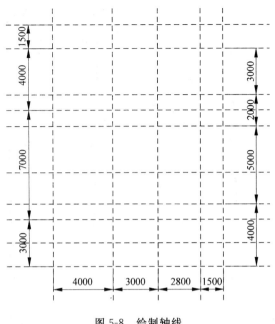

图 5-8　绘制轴线

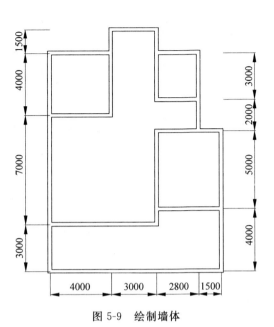

图 5-9　绘制墙体

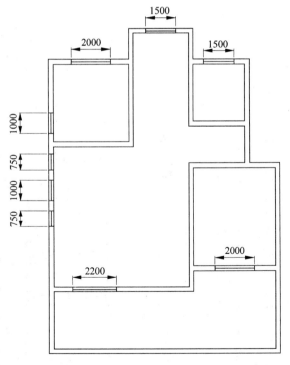

图 5-10　绘制窗户

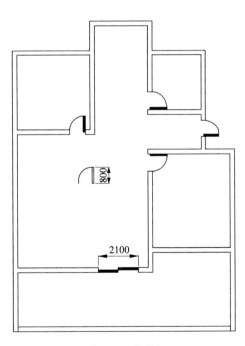

图 5-11　绘制门

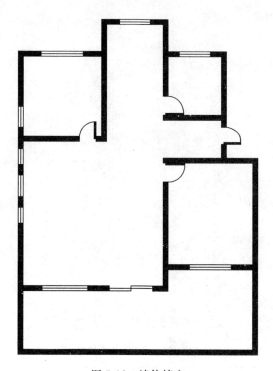

图 5-12 墙体填充

图 5-13 写入文字

图 5-14 拖拽饰物

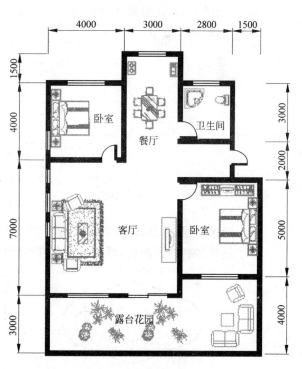

图 5-15 标注后效果

【**例 5-2**】 绘制图 5-16 所示的法兰。

具体步骤如下。

（1）根据制图需要设置图层，如图 5-17 所示。

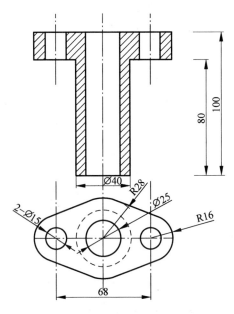

图 5-16 法兰

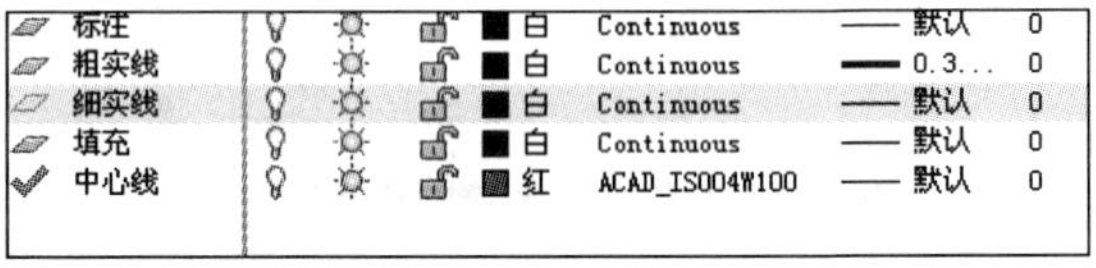

图 5-17 图层设置

（2）选择"中心线"层为当前层，绘制中心线，如图 5-18 所示。

（3）选择"粗实线"层为当前层，根据尺寸绘制圆，效果如图 5-19 所示。

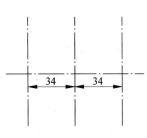

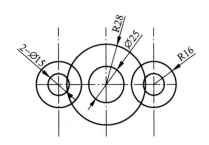

图 5-18 绘制中心线

图 5-19 绘制圆

（4）绘制切线，并且修剪，效果如图 5-20 所示。

（5）选择"细实线"图层，再绘制一个直径为 40 的圆，如图 5-21 所示。

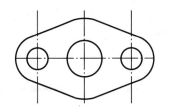

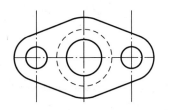

图 5-20 绘制切线并修剪后效果

图 5-21 绘制圆

（6）选择"中心线"图层，绘制辅助线，如图 5-22 所示。

（7）选择"粗实线"图层，根据所给尺寸绘制图形，效果如图 5-23 所示。

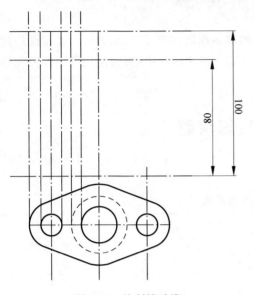

图 5-22　绘制辅助线

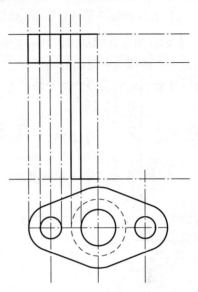

图 5-23　绘制轮廓线

（8）使用镜像工具，把左侧的轮廓线沿中心线镜像，效果如图 5-24 所示。

（9）选择"填充"层，选择 ANSI31 图案，角度为 0，比例为 1，进行填充，效果如图 5-25 所示。

（10）选择"标注"层，进行标注，效果如图 5-26 所示。

（11）对辅助线进行修剪处理，即可完成法兰的绘制。

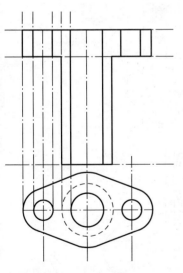

图 5-24　镜像后效果

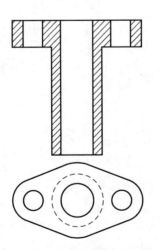

图 5-25　图案填充

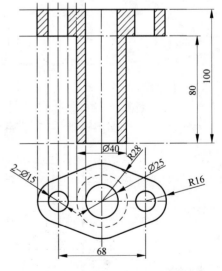

图 5-26　标注

5.4　本　章　小　结

　　本章自始至终围绕图层这一主题,介绍了图层的作用,创建图层的方法以及对图层的管理,使读者透彻理解图层的功能和使用方法。在实际绘图过程中,灵活使用图层会简化绘图过程,且绘制完的图形更便于修改。

5.5　复习思考题

1. 按表 5-1 建立图层并设置属性。

表 5-1　图层与属性

图 层 名	线 型	线 宽	颜 色
0	Continuous	默认	黑/白
中心线	Center	默认	黄色
轮廓线	Continuous	0.3mm	黑/白
剖面线	Continuous	默认	绿色
标注线	Continuous	默认	蓝色
虚线	Hidden	默认	红色

2. 设置图层,完成图 5-27 所示的图形。

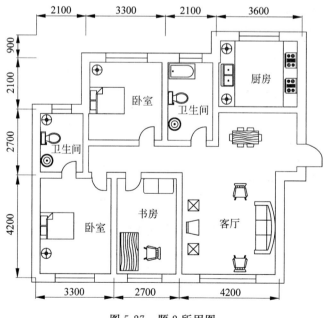

图 5-27　题 2 所用图

3. 设置图层,完成图 5-28 所示的图形。

4. 设置图层,完成图 5-29 所示的图形。

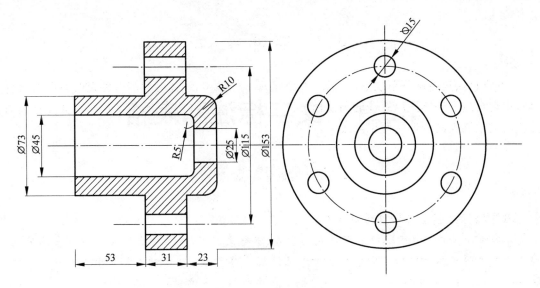

图 5-28　题 3 所用图

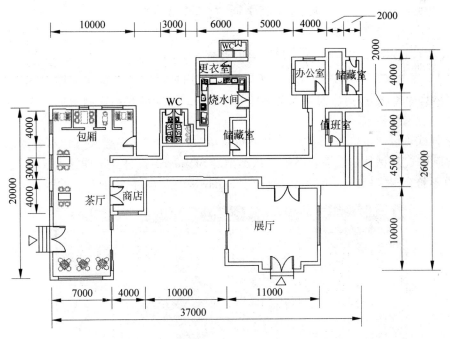

图 5-29　茶室设计图

第6章 文字标注和表格

教学目标：

本章重点讲解 AutoCAD 文字样式的设置、单行文字工具、多行文字工具以及表格的创建和编辑。通过本章的学习，读者可以灵活设置文字样式，熟练对 CAD 图形进行文字标注，并且熟练运用表格工具完成 CAD 图纸中表格的创建和编辑。

6.1 设置文字样式

在 AutoCAD 中，图形中的文字都是根据当前文字样式标注的，文字样式决定了所标注文字的字体、字高、文字方向等。AutoCAD 2011 为用户提供了默认文字样式 Standard，当在 AutoCAD 中标注文字时，如果系统提供的文字样式不能满足国家制图标准或用户需求，用户可以设置文字样式。

文字样式可以通过输入"ST"或选择下拉菜单"格式"→"文字样式"命令，启动图 6-1 所示的"文字样式"对话框来设置。系统默认类型是 Standard，此样式不能输入汉字，输入字母的字体也不符合国家标准。用户可以修改 Standard 类型，也可以创建新样式。

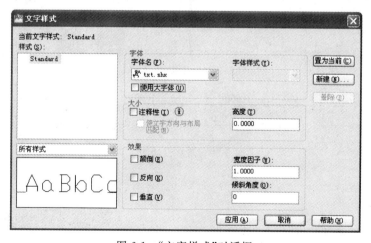

图 6-1 "文字样式"对话框

(1) 样式：列出当前定义的所有文字样式，用户可以从中选择对应的样式作为当前文字样式，也可以进行样式修改。

(2) 字体：用于确定使用哪种字体。

(3) 大小：用于确定文字的高度。

(4) 效果：用于设置文字的某些特征，如宽高比、倾斜角度、是否倒置显示等。

(5) 预览框：用于预览用户所选择或所定义文字样式的标注效果。

(6) 置为当前：用于将选定的样式设置为当前文字样式。

(7) 新建：用于用户创建新文字样式。

(8) 应用：用于确认用户对文字样式的设置。

图 6-2　"新建文字样式"对话框(汉字)

【例 6-1】　设置"汉字"和"数字"两种文字样式，其中"汉字"字体为"仿宋_GB2312"，字高为 100；"数字"字体为 romans.shx，倾斜 15°，宽高比为 2/3。

操作步骤如下。

(1) 选择"格式"→"文字样式"命令，弹出"文字样式"对话框。

(2) 单击"新建"按钮，输入"汉字"作为文字样式名，如图 6-2 所示，并在"字体"选择下拉框中选择"仿宋_GB2312"，字高输入 100，然后单击"应用"按钮，如图 6-3 所示。

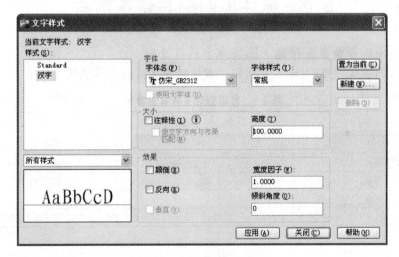

图 6-3　设置文字样式(汉字)

(3) 单击"新建"按钮，输入"数字"作为文字样式名，如图 6-4 所示，并在"字体名"选择下拉框中选择 romans.shx，高度默认为 0，"倾斜角度"选项设为 15，宽度因子为 2/3，即 0.67，然后单击"应用"按钮，如图 6-5 所示。

注意：

• 当选择中文字体时，字体名前有无一个"@"符号，效果不同。前面有"@"符号的字体，其文字将逆时针旋转 90°。

• 我国对机械制图中尺寸标注数字有要求，一般倾斜(15°)，宽度因子为 2/3，为了能在尺寸标注中随时修改文本高度，在文字样式里一般将高度设置为 0。

图 6-4　"新建文字样式"(数字)

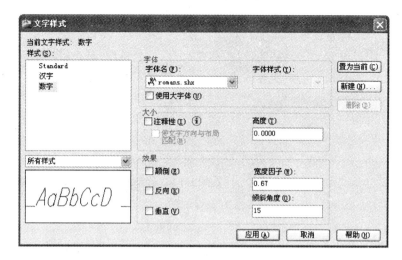

图 6-5　设置文字样式(数字)

6.2　标注控制码与特殊字符

一些不能用标准键盘直接输入的特殊字符以及标
注中经常出现的特殊符号,可输入其代码。常见特殊字符的代码及其含义见表 6-1。

表 6-1　常见特殊字符及其含义

代　码	特 殊 字 符	含　义
％％d	°	角度
％％p	±	正负号
％％c	∅	直径符号
％％u	－	开/关下划线
％％o	－	开/关上划线

6.3　文　字　标　注

1. 单行文字标注

单行文字可以通过 TEXT 命令(简写 DT)或选择下拉菜单"绘图"→"文字"→"单行文字"命令来启动。

主要参数说明如下。

(1) 对正:定义文字的对齐方式。在"指定文字的起点或〔对正(J)/样式(S)〕:"提示信息后输入 J,可以设置文字的排列方式。对齐方式有"〔左(L)/对齐(A)/调整(F)/中心(C)/中间(M)/右(R)/左上(TL)/中上(TC)/右上(TR)/左中(ML)/正中(MC)/右中(MR)/左下(BL)/中下(BC)/右下(BR)〕<左上(TL)>",如图 6-6 所示。

(2) 样式:选择文字样式。在"指定文字的起点或〔对正(J)/样式(S)〕:"提示下输入

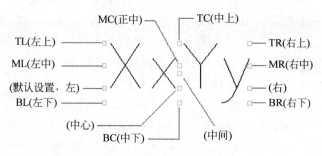

图 6-6　对齐方式图示

S,可以设置当前使用的文字样式。当选择该选项时,命令行显示如下提示信息:

输入样式名或 [?] <Mytext>:

可以直接输入文字样式的名称,也可输入"?",在"AutoCAD 文本"窗口中显示当前图形已有的文字样式。

注意:

- 执行完"单行文字"命令,确定起始点、字高和倾斜角度后,即可输入文字,按 Enter 键光标会自动移至下一行的起始位置,继续输入文字,按 Esc 键可以退出单行文字工具。
- 不同行的文字分属不同的对象。
- 按 Enter 键另起一行的方法把不同位置的文字分行输入,再用"夹点编辑"命令或移动工具移至不同处,这样处理很方便。
- 如果文字显示"?????",应立即检查是否设置了中文不认可的文字样式。

编辑单行文字包括编辑文字的内容、对正方式及缩放比例,可以选择"修改"→"对象"→"文字"子菜单中的命令进行设置或者 DDEDIT 命令。

【例 6-2】　用单行文字工具书写图 6-7 所示的内容。

图 6-7　单行文字

具体步骤如下。

(1) 设置文字样式为宋体,其余选项默认。

(2) 通过 DT 命令,随意指定一起点,高度设置为 4,倾斜角度默认为 0,然后输入"标高为％％p0.0000"按 Enter 键,"角度为 90％％d"按 Enter 键,"百分比为 40％"按 Enter 键,"直径为"％％c30"按 Enter 键,"％％o 社会主义％％o％％u 国家好"按 Enter 键,按 Esc 键退出。

(3)绘制一个长为 50,宽为 10 的矩形,然后执行 DT 命令,输入 J,输入 A,选择矩形下边的两个端点作为文字端点,然后输入"中华人民共和国"按 Enter 键,按 Esc 键退出。

(4)绘制一个长为 50,宽为 10 的矩形,然后执行 DT 命令,输入 J,输入 TL,选择矩形左上角点,文字高度设置为 4,然后输入"我爱我家"按 Enter 键,按 Esc 键退出。

(5)绘制一个长为 50,宽为 10 的矩形,然后执行 DT 命令,输入 J,输入 BR,选择矩形右下角点,文字高度设置为 4,然后输入"北京市"按 Enter 键,按 Esc 键退出。

(6)绘制一个长为 50,宽为 10 的矩形,然后执行 DT 命令,输入 J,输入 F,选择矩形下边的两个端点作为文字端点,然后输入"我爱我家"按 Enter 键,Esc 键退出。

2．多行文字标注

"多行文字"又称为段落文字,是一种更易于管理的文字对象,可以由两行以上的文字组成,而且各行文字都是作为一个整体处理。在机械制图中,常使用多行文字功能创建较为复杂的文字说明,如图样的技术要求等。

多行文字可以通过 MTEXT 命令(快捷方式：T),或选择"绘图"→"文字"→"多行文字"命令,或单击工具栏"多行文字工具"按钮来启动,然后在绘图窗口中指定一个用来放置多行文字的矩形区域,将打开"文字格式"工具栏和文字输入窗口,如图 6-8 所示,利用它们可以设置多行文字的样式、字体及大小等属性。

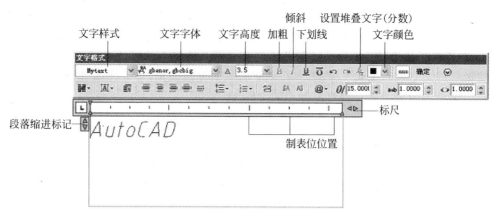

图 6-8　"文字格式"工具栏和文字输入窗口

使用"文字格式"工具栏设置文字格式时要注意以下几点。

(1)输入多种规格文字：对于多行文本而言,其各部分文字可以采用不同的字体、高度和颜色等。如果希望调整部分已输入文字的特性,应首先通过拖动方法选中部分文字,然后利用"文字格式"工具栏进行设置。

(2)粗体与斜体：单击"粗体"按钮 **B** 和"斜体"按钮 *I*,可为新输入文字或选定文字打开或关闭粗体或斜体格式。不过,这两个选项仅适用于使用 TrueType 字体的字符。

(3)输入分数或公差：单击 工具,可以将所选文字创建为堆叠文字。当创建堆叠文字时,应首先输入分别作为分子(或公差上界)和分母(或公差下界)的文字,其间使用"/"、"♯"或"^"分隔,然后选择这一部分文字,单击 工具即可。

（4）输入特殊符号：当输入多行文字时，用户可以方便地输入特殊符号，只要单击"文字格式"工具栏中的"符号"按钮就可以完成。

（5）设置段落缩进和段落宽度：利用文字编辑区上方的标尺可调整段落文字的首行缩进、段落缩进和段落宽度。

（6）使用制表位对齐：默认情况下，文字编辑区上方的标尺中已设置了一组标准的制表位，即每按一下 Tab 键，光标自动移动一定的间距，从而对齐数据。

（7）多行文字可以输入文字，也可以插入特殊字符，还可以将纯文本、RTF、TXT 等格式的文件插入进来。

要编辑创建的多行文字，可选择"修改"→"对象"→"文字"→"编辑"命令或者 DDEDIT 命令或者 MTEDIT 命令，并单击创建的多行文字，打开多行文字编辑窗口，然后参照多行文字的设置方法，修改并编辑文字。

【例 6-3】 用多行文字输入图 6-9 所示的文字和符号。

具体步骤如下。

（1）在命令行输入"T"，在绘图区拖拽一个矩形输入区，会弹出"文字格式"工具栏和文字输入窗口。

（2）在输入窗口输入图 6-10 所示的内容。

图 6-9　文字和符号　　　　　　　　　　图 6-10　输入内容

【例 6-4】 新建一个 TXT 文档，输入下面内容，然后导入 CAD 中，如图 6-11 所示。

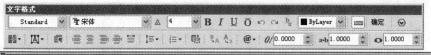

图 6-11　TXT 内容

具体步骤如下。

（1）新建一个 TXT 文档，输入图 6-11 所示内容，然后保存。

（2）打开 CAD，选择"多行文字"工具，在屏幕上确定两个对角顶点后弹出多行文字输入窗口，在该窗口右击，选择"输入文字"选项，弹出"选择文字"对话框，选择文件类型为 TXT 文件。找到刚刚保存的 TXT 文档，单击"打开"按钮，该文件文本便会出现在多行文本编辑器中，可以设置文本的样式，然后单击"确定"按钮。

6.4 设置表格样式

表格使用行和列，以一种简洁清晰的形式提供信息，常用于一些组件的图形中。可以使用默认的、标准的或者自定义的表格样式来满足需要，并在必要时重用它们。

在 AutoCAD 2011 中，选择"格式"→"表格样式"命令或者 TABLESTYLE 命令打开"表格样式"对话框，如图 6-12 所示。

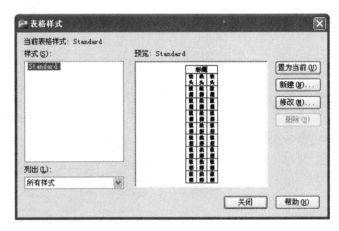

图 6-12 "表格样式"对话框

单击"新建"按钮，使用打开的"创建新的表格样式"对话框创建新表格样式。在"新样式名"文本框中输入新的表格样式名，在"基础样式"下拉列表中选择默认的、标准的或者任何已经创建的表格样式，新样式将在该样式的基础上进行修改。然后，单击"继续"按钮，将打开"新建表格样式"对话框，可以使用"数据"、"列标题"和"标题"选项卡分别设置表格的数据、列表题和标题对应的样式，可以指定表格的行格式、表格方向、边框特性和文本样式等内容，如图 6-13 所示。

在 AutoCAD 2011 中，还可以使用"表格样式"对话框来管理图形中的表格样式。在该对话框的"当前表格样式"选项后面，显示当前使用的表格样式（默认为 Standard）；在"样式"列表中显示了当前图形所包含的表格样式；在"预览"窗口中显示了选中表格的样式；在"列出"下拉列表中，可以选择"样式"列表是显示图形中的所有样式，还是正在使用的样式。此外，在"表格样式"对话框中，还可以单击"置为当前"按钮，将选中的表格样式设置为当前；单击"修改"按钮，在打开的"修改表格样式"对话框中修改选中的表格样式；单击"删除"按钮，删除选中的表格样式。

图 6-13　"创建新的表格样式"对话框和"新建表格样式"对话框

6.5　创建和编辑表格

1. 创建表格

选择"绘图"→"表格"命令,或者直接单击绘图工具栏上的插入表格工具 ▦ ,打开"插入表格"对话框。在"表格样式"选项组中,可以从下拉列表框中选择表格样式,或单击其后的按钮,打开"表格样式"对话框,创建新的表格样式。在该选项组中,还可以在"文字高度"下面显示当前表格样式的文字高度,在预览窗口中显示表格的预览效果。在"插入方式"选项组中,选择"指定插入点"单选按钮,可以在绘图窗口中的某点插入固定大小的表格;选择"指定窗口"单选按钮,可以在绘图窗口中通过拖动表格边框来创建任意大小的表格。在"列和行设置"选项组中,可以通过改变"列数"、"列宽"、"数据行数"和"行高"文本框中的数值来调整表格的外观大小,如图 6-14 所示。

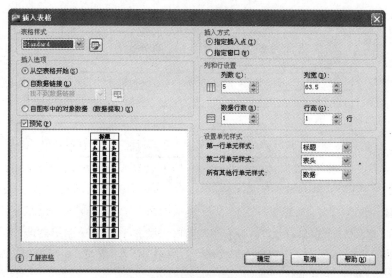

图 6-14　"插入表格"对话框

2．编辑表格

选中表格,然后在左顶角处右击,可以调出表格的快捷菜单来编辑表格。利用表格的快捷菜单可以对表格进行剪切、复制、删除、移动、缩放和旋转等简单操作,还可以均匀调整表格的行、列大小,删除所有特性替代。

此外,还可以在选中表格后,通过拖动表格的四周、标题行上的夹点来编辑表格,如图 6-15 所示。

(1)"左上"夹点:用于移动表格。

(2)"左下"夹点:用于修改表格高,同时按比例调整所有行。

(3)"右上"夹点:用于修改表格宽,同时按比例调整所有列。

(4)"右下"夹点:用于修改表格高和宽,同时按比例调整所有行和列。

(5)"列夹点":用于加宽或缩小相邻列,不改变表格宽。

(6)Ctrl+"列"夹点:用于加宽或缩小相邻列,改变表格宽以适应此修改。

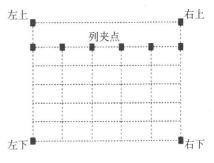

图 6-15　夹点编辑图

表格单元的编辑可以选中表格,然后在任意单元格上单击,调出"表格"工具栏,如图 6-16 所示,利用"表格"工具栏对表格插入行/列、删除行/列、合并单元格/取消合并、设置边框、设置背景填充、设置表格单元的对齐格式等操作。

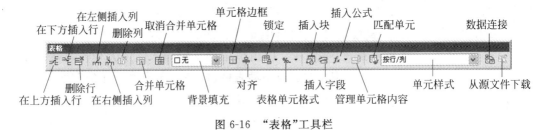

图 6-16　"表格"工具栏

【例 6-5】　制作图 6-17 所示的表格,该表格的列宽为 25mm,表格中字体为仿宋,字高为 3.5mm,求出小计,给表格加线条宽度为 0.3mm 的外边框。

序号	冰箱	电视	洗衣机	空调
1	32	45	36	11
2	18	21	32	24
3	45	52	29	33
小计	95	118	97	68

图 6-17　表格样式

具体步骤如下。

(1)选择"格式"→"表格样式"命令打开"表格样式"对话框,单击"修改"按钮,打开"修改表格样式"对话框,在"对齐"下拉框中选择"正中"选项,在"文字"选项卡里设置文字为"仿宋",字高为 3.5,然后单击"确定"按钮,关闭对话框。

（2）选择"绘图"→"表格"命令打开"插入表格"对话框，列数设置为"5"，列宽设置为25，行数设置为3，第一单元格样式设置为"数据"，第二单元格样式设置为"数据"，如图6-18所示。

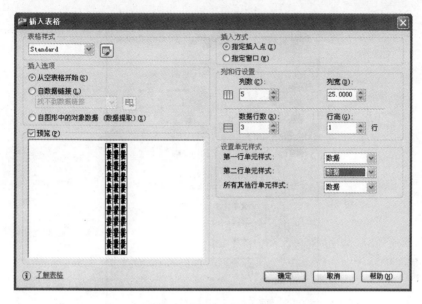

图6-18　"插入表格"对话框

（3）在绘图区确定表格位置，会自动弹出"文字格式"工具栏，输入表格内容，并使用"表格"工具栏进行"正中"对齐操作，效果如图6-19所示。

序号	冰箱	电视	洗衣机	空调
1	32	45	36	11
2	18	21	32	24
3	45	52	29	33
小计	95	118	97	68

图6-19　输入文字并对齐

（4）单击"表格"工具栏中的"插入公式"按钮，求出各列的和，如图6-20所示。

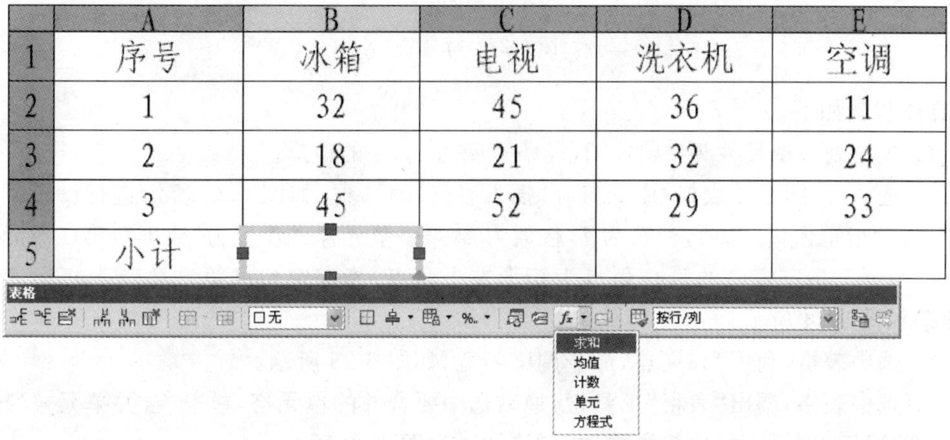

	A	B	C	D	E
1	序号	冰箱	电视	洗衣机	空调
2	1	32	45	36	11
3	2	18	21	32	24
4	3	45	52	29	33
5	小计				

表格

求和
均值
计数
单元
方程式

图6-20　插入公式

（5）使用"表格"工具栏中的边框工具给此表格加外边框，线条宽度为0.3mm，如图6-21所示。

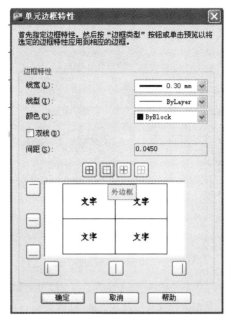

图6-21　给表格加外边框

【例6-6】　制作图6-22所示的标题栏。

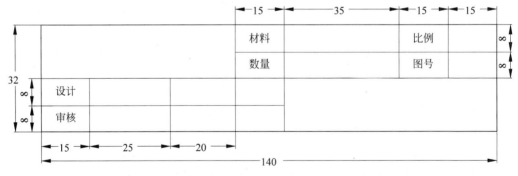

图6-22　标题栏

具体步骤如下。

（1）先绘制一个尺寸为140×32，线条宽度为0.35的矩形。

（2）选择"绘图"→"表格"命令打开"插入表格"对话框，如图6-23所示进行设置，"插入方式"选择"指定窗口"选项，列数为7，行数为2，第一单元样式设置为"数据"，第二单元样式设置为"数据"，指定窗口的第一角点为矩形左上角点，指定窗口的第二角点为矩形右下角点，效果如图6-24所示。

（3）选中表格，利用"列夹点"命令调整列宽，如图6-25所示。

（4）选中表格，调出"表格"工具栏，拖动选中要合并的单元格，单击"合并单元格"按钮，如图6-26所示，进行合并单元格操作，最终效果如图6-27所示。

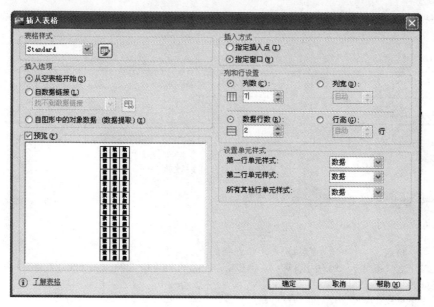

图 6-23 "插入表格"对话框

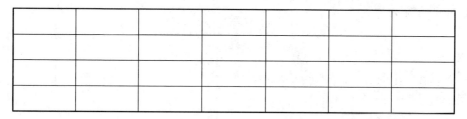

图 6-24 插入表格后效果

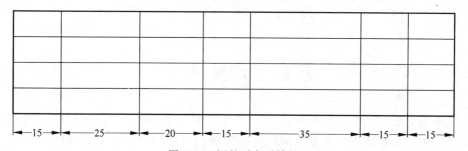

图 6-25 调整列宽后效果

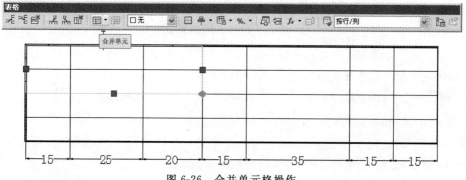

图 6-26 合并单元格操作

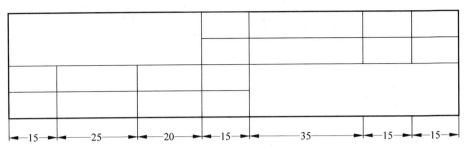

| ← 15 → | ← 25 → | ← 20 → | ← 15 → | ← 35 → | ← 15 → | ← 15 → |

图 6-27　合并后效果

（5）设置文字样式为"宋体"、"2.5 号字"。

（6）启动多行文字工具。

指定第一角点：　　　　　　//指定每个单元格的左上角点

输入对正方式 [左上(TL)/中上(TC)/右上(TR)/左中(ML)/正中(MC)/右中(MR)/左下(BL)/中下(BC)/右下(BR)] <左上(TL)>:MC↙

指定对角点或 [高度(H)/对正(J)/行距(L)/旋转(R)/样式(S)/宽度(W)/栏(C)]：

//指定每个单元格的右下角点

如图 6-28 所示写入文字。

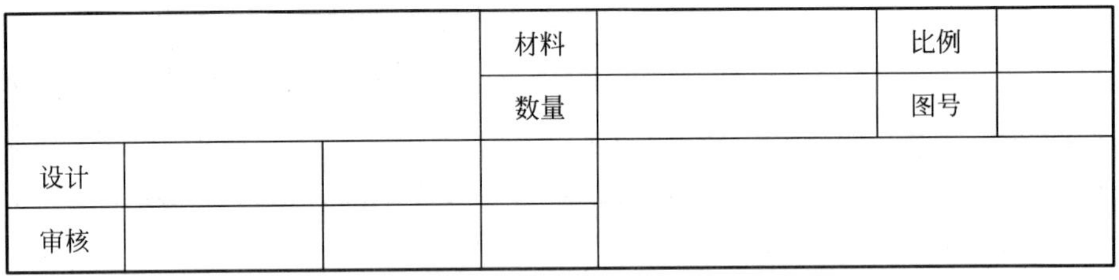

			材料		比例	
			数量		图号	
设计						
审核						

图 6-28　写入文字

6.6　本 章 小 结

　　本章着重介绍了文字工具和表格工具，介绍了文字样式的设置、单行文字工具和多行文字工具的使用方法和技巧以及表格的创建和编辑。文字和表格是 CAD 绘图中经常用到、必不可少的工具，灵活掌握这两个工具，可以更快、更好地完成 CAD 图纸的设计。

6.7　复习思考题

　　1. 用多行文字工具完成图 6-29 所示的内容。

　　2. 创建图 6-30 所示的文字说明信息，标题楷体 5 号字，其余仿宋 2.5 号字。

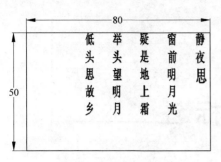

图 6-29　文字样式

技术要求

1. $\phi 25_{-0.052}^{0}$ 锥面精车后与纵轴配研，要求锥面接触良好。
2. 此套与纵轴装配时，并紧纵轴螺母，如发生压实而不能转动，应修正B面。
3. 外表面发蓝。
4. 未注尺寸公差按IT14级。
5. 未注形位公差按C级。

图 6-30　文字说明

3. 创建一个名为"门窗尺寸"的表格样式，其中表格中文字高度为 10，列标题文字高度为 10，标题文字高度为 12，字体为楷体，默认其余参数的设置，并将该表格样式置为当前。绘制图 6-31 所示的表格。

门窗表			
类型	编号	尺寸	数量

图 6-31　门窗表

4. 创建图 6-32 所示的表格。

(专业)	(实名)	(签名)	(日期)

图 6-32　会签栏

5. 创建图 6-33 所示的标题栏，字体为仿宋，字高为 5。

设计单位全称					
审定	实名	签名	日期	工程名称	设计号
审核					图别
设计				图名	图号
制图					日期

图 6-33　标题栏

第7章 尺 寸 标 注

教学目标：

尺寸标注是工程图中的重要组成元素，它能够准确描述几何图形的尺寸大小，以便在设计施工时以此为依据进行生产制造。AutoCAD 中提供了多种标注样式和设置标注格式的方法，可以应用于工程建筑、机械、通信系统等方向，应用范围极其广泛。

7.1 设置尺寸标注样式

当进行尺寸标注时，要根据所属专业不同设置多种标注样式，对于常见标注可以用默认设置，但不能满足特殊行业的需要，所以设置尺寸标注样式是一项重要的过程。

（1）启动方式，可以用下面 3 种方法。

① 单击"格式"工具栏中"标注样式"中的按钮。

② 在命令行输入 DDIM，按 Enter 键。

③ 单击"标注"工具栏中的"标注样式"按钮。

（2）主要参数说明：通过标注样式管理器设置当前尺寸标注类型及其他有关操作，如图 7-1 所示。

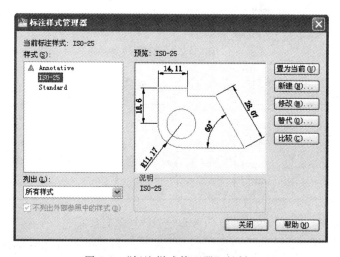

图 7-1 "标注样式管理器"对话框

① 样式：显示图形所有标注样式。

② 列出：其下拉菜单有"所有样式"、"正在使用样式"等选项。

③ 预览：查看当前尺寸标注示例。

④ 说明：预览区中标注样式的说明，ISO-25 是我国机械图的尺寸标注。

⑤ 置为当前：对设计好的尺寸进行确定。

⑥ 新建：创建新尺寸样式。

⑦ 修改：对选定的尺寸样式进行修改。

⑧ 替代：用于替代当前标注样式相应设置，但不改变当前样式的设置。

⑨ 比较：对比两种样式的特性。

7.2 各类尺寸的标注样式

执行"格式"→"标注样式"命令，单击"新建"按钮，弹出"创建新标注样式"对话框，如图 7-2 所示。

图 7-2 "创建新标注样式"对话框

（1）新样式名：可输入新样式名称。

（2）基础样式：选择一种样式，并在该样式上进行修改。

（3）用于：制定标注样式的适用范围，在不确定情况下通常使用"所有标注"选项。

选定后，单击"继续"按钮。

1."线"和"符号和箭头"的标注

通常在设计复杂图形时，"线"和"符号和箭头"的设定一般为随层形式，便于看图。

（1）线

单击"线"按钮，"线"选项卡如图 7-3 所示。

"线"选项卡分为"尺寸线"、"延伸线"两选项组，各组选项中有多个相似处，重复的地方不加以说明。

主要参数说明如下。

① "颜色"下拉框表：设置尺寸线的颜色，其中包含箭头颜色。

② "线型"下拉列表：设置尺寸线的线型，若下拉列表中没有想要的线型，可以选择下拉列表中的"其他"选项，则出现"选择线型"对话框，单击对话框中的"加载"按钮出现其他线型，可选择需要的线型，单击"确定"按钮即可，如图 7-4 所示。

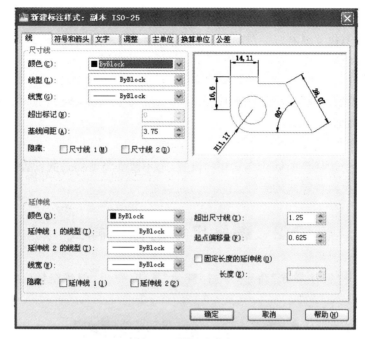

图 7-3　"线"选项卡

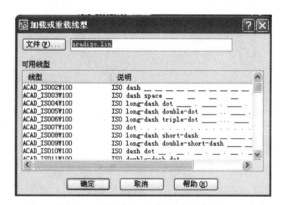

图 7-4　"加载或重载线型"对话框

③"线宽"下拉列表：设置尺寸线的线宽。

④"超出标记"文本框：设置尺寸线超过尺寸界限的距离，设置箭头使用建筑标记、积分、无标记时尺寸线超过延伸线的距离，如图 7-5 所示。

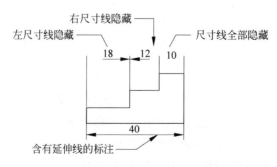

图 7-5　延伸线及尺寸线隐藏示例

⑤ "基线间距"文本框：设置尺寸标注的两条基线间距离。

⑥ "隐藏"复选框：隐藏尺寸线及相应箭头(含 3 种方式)，如图 7-5 所示。

⑦ "超出尺寸线(X)"文本框：设置延伸线超过尺寸线的距离。

⑧ "起点偏移量(F)"文本框：设置延伸线与起点偏移量的距离。

⑨ "固定长度的延伸线(O)"文本框：设置固定延伸线长度，不单击即为默认。

（2）符号和箭头

在"新建标注样式"对话框中选择"符号和箭头"选项卡，如图 7-6 所示。

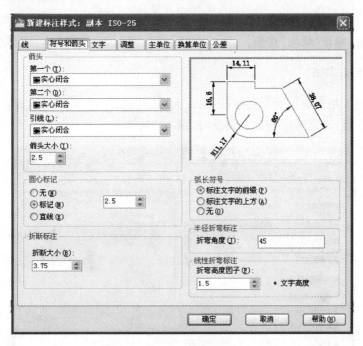

图 7-6 "符号和箭头"选项卡

主要参数说明如下。

① 在"箭头"选项组中，设置符合图形的尺寸线箭头的类型与大小。

② 在"圆心标记"选项组中，设置圆的圆心有无、类型及标记的大小，如图 7-7 所示。

(a) 无标记   (b) 圆心标记   (c) 圆心直线标记

图 7-7 圆心标记示例

③ 在"弧长符号"选项组中，设置有无及类型，如图 7-8 所示。

④ 在"折断标注"选项组中，对折断大小进行设置。

⑤ 在"半径折弯标注"选项组中，设置折弯角度。

⑥ 在"线性折弯标注"选项组中，设置折弯高度因子。

(a) 符号在标注　　　(b) 符号在标注　　　(c) 无弧长符号
　　文字的前缀　　　　　文字的上方

图 7-8　弧长符号示例

设置完成后，单击"确定"按钮。

2．"文字"标注样式

"文字"选项卡用于设置尺寸文字的样式、大小、颜色、位置等参数，在设定之前需要先确定文字的大概位置，选定后进行文字修改，如图 7-9 所示。

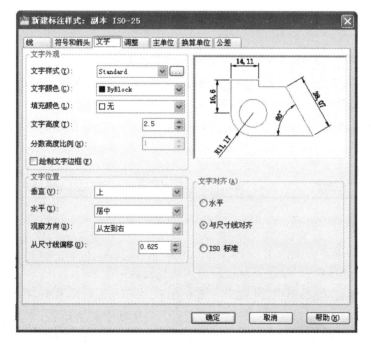

图 7-9　"文字"选项卡

（1）"文字外观"选项组主要参数说明如下。

①"文字样式"下拉列表框：用于设置尺寸文字的样式，也可以单击其后的 📖 按钮，新建尺寸文字的样式。

②"文字颜色"下拉列表框：用于对文字进行颜色的选择。

③"填充颜色"下拉列表框：用于对文字背景进行填充。

④"文字高度"下拉列表框：选择相应选项根据实际要求设定文字高度。

⑤"绘制文字边框"复选框：对文字边框需要与否进行选择。

（2）"文字位置"选项组主要参数说明如下。

①"垂直"下拉列表框：用于调整文字在尺寸线垂直方向的放置方式，有"居中"、"上"、"外部"、JIS、"下"5个选项可以选择，如图7-10所示。

②"水平"下拉列表框：用于调整文字在尺寸线水平方向的放置方式，有图7-10所示的放置方式。

③"观察方向"下拉列表框：可选择"从左到右"或"从右到左"两项观察方式，如图7-10所示。

④"从尺寸线偏移"列表框：可调节文字与尺寸线的距离。

（3）"文字对齐"选项组主要参数说明如下。

①"水平"：单击选中后在任何情况下都使标注文字水平放置，如图7-11所示的放置方式。

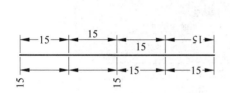

图7-10 文字位置各方式示例

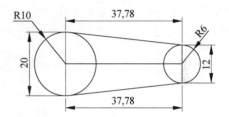

图7-11 文字对齐各方式示例

②"与尺寸线对齐"：单击选中后标注文字方向与尺寸线一致，如图7-11所示的放置方式。

③"ISO标准"：单击后标注文字按ISO标准放置，标注文字在延伸线之间时，方向与尺寸线方向一致；标注文字在延伸线外时，标注文字水平放置，如图7-11所示的放置方式。

3．"调整"选项卡的设置

"调整"选项卡，用于设置标注文字、箭头、及尺寸线的位置及其他属性的调整，如图7-12所示。

主要参数说明如下。

（1）"调整选项"栏：用于控制尺寸线之间可用文字和箭头的位置，尤其是当尺寸界线之间没有足够空间来同时放置标注文字和箭头时，应选择尺寸线之间移出文字和箭头的那一部分。

（2）"文字位置"栏：用于设置文字不在默认位置时，将其放置在什么地方，有"尺寸线旁边"、"尺寸线上方，带引线"、"尺寸线上方，不带引线"3种方式。

（3）"标注特征比例"栏：选择"将标注缩放到布局"是对全部尺寸标注设置缩放比例，但不会改变尺寸测量值；选择"使用全局比例"是使当前空间视口和图纸空间之间的缩放关系进行比例因子设定。

（4）"优化"栏：属于附加设置，可以对标注文字和尺寸线进行微调。"手动放置文字"选项用于忽略对文字的水平放置，将其改在用户指定位置；选择"在延伸线之间绘制尺寸线"选项后限定了绘制尺寸线条件。

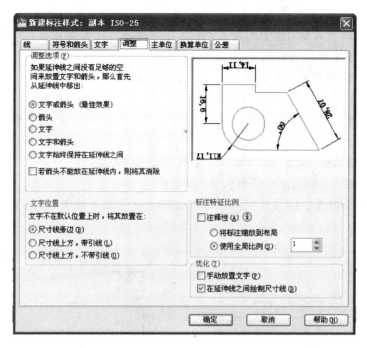

图 7-12 "调整"选项卡

4."主单位"选项卡的设置

"主单位"选项卡,主要设置主单位的格式、精度及标注文字的前缀和后缀,设置时可直接通过选项卡中预览栏进行观察,以便设定需要的条件,如图 7-13 所示。

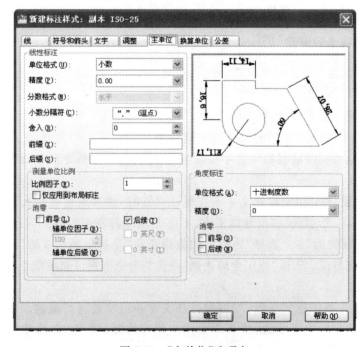

图 7-13 "主单位"选项卡

（1）线性标注

①"单位格式"下拉框：可以设置除角度标注外的各种标注类型的尺寸单位，通过下拉框在科学、小数、工程、建筑、分数等格式之间选择。

②"精度"下拉框：可以设置除角度尺寸外的其他用户需要的尺寸精度。

③"分数格式"下拉框：可以设置当"单位格式"选项为"分数"形式时的标注格式。

④"小数分隔符"下拉框：可以设置当"单位格式"选项为"小数"形式时的分隔符形式。

⑤"舍入"下拉框：设置除角度之外的需要的尺寸测量值精度。

⑥"前缀"和"后缀"选项：输入设置标注文字的前缀和后缀，例如，"高度20m"，在前缀栏中输入"高度"，在后缀栏中输入 m 即可。

（2）测量单位比例

其用于确定测量单位的比例。

"比例因子"和"仅应用到布局标注"选项：设置测量尺寸的缩放比例，其实际标注值为测量值与该比例的乘积。若选择"仅应用到布局标注"选项则该比例仅应用于布局。

（3）消零

其用于设置是否显示标注尺寸的前导和后续。

（4）角度标注

① 单位格式：设置角度标注时的单位，在下拉框中可以选择 4 种方式的角度单位。

② 精度：调整标注角度的尺寸精度。

③ 消零：用于设置是否显示角度的前导和后续。

5．"换算单位"选项卡的设置

确定标注单位测量值中换算单位的显示与否，同时设置其格式和精度。其操作方法同"主单位"选项卡，且可以通过选项卡中预览栏进行观察，如图7-14 所示。

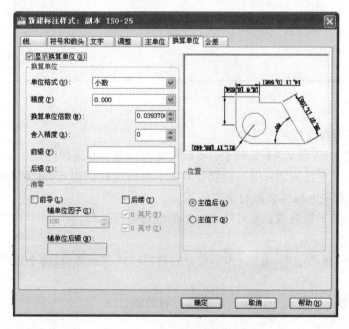

图 7-14 "换算单元"选项卡

主要参数说明如下。

（1）"显示换算单位"复选框：确定是否显示换算单位。

（2）"换算单位"复选框：同"主单位"选项卡中"线性标注"复选框基本相似，其中"换算单位倍数"下拉框，鼠标触及处有注释。

（3）"消零"选项组：用于设置是否显示角度的前导和后续。

（4）"位置"复选框：设置换算单位的位置，有"主值前"、"主值后"两个选项可以选择。

6．"公差"选项卡的设置

"公差"选项卡用于控制标注文字中公差的格式及显示。公差通常在机械制图中应用。

（1）公差格式

①"方式"下拉框：设置是否标注公差，并以什么方式标注公差，有 5 种方式可供选择，如图 7-15 所示。

图 7-15　"公差"选项卡

②"精度"：可以设置尺寸公差精度。

③"上偏差"和"下偏差"下拉列表：可以设置上偏差值和下偏差值。

④"高度比例"下拉列表：用于设置公差文字的高度比例因子，其方式是以比例因子与尺寸文字高度的乘积为标注公差时文字的高度。

⑤"垂直位置"下拉列表：可对尺寸文字的位置进行选择，有"上"、"中"、"下"3 种。

（2）公差对齐

在"公差对齐"选项组中，有"对齐小数分隔符"及"对齐运算符"两个选项可选择。

（3）消零

"消零"选项组：设置是否消除公差的前导和后续。

（4）换算单位公差

"换算单位公差"选项组：可以设置单位公差的精度及是否消零，及换算单位公差的消零功能选项。

7.3　编辑尺寸标注

尺寸标注主要是介绍如何标注各种类型的尺寸。

1. 快速标注

（1）启动方法。

① 单击"标注"工具栏中的"快速标注"按钮。

② 在命令行中输入 QDIM，按 Enter 键。

③ 选择"标注"→"快速标注"命令。

（2）功能类型：在不要求形式的基础上，可对基线、连续、坐标、半径、直径、基准点等一次性地完成标注，并可以进行连续标注。

（3）操作。

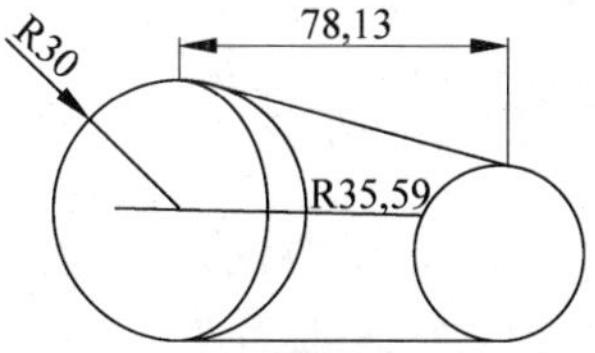

【例 7-1】　对图 7-16 所示图形进行快速标注。

单击"快速标注"按钮，命令提示如下。

```
QDIM ↙
关联标注优先级 = 端点
选择要标注的几何图形：找到 1 个
选择要标注的几何图形：
指定尺寸线位置或[连续(C)/并列(S)/基线(B)/坐标(O)/半径(R)/直径(D)/基准点(P)/编辑(E)/设置(I)]<连续>：
```

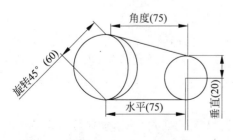
图 7-16　快速标注

注意：快速标注选项中可以有很多种类型的标注方式，在不要求标注形式或少量的标注情况下，可对一些线、半径、直径直接进行快速连续标注，当标注样式有其他条件的，可直接选择以下所特定的标注方式。

2. 线性标注

线性标注是指对图形对象沿不同方向进行尺寸标注。

图 7-17　线性标注的几种类型示例

（1）启动方法。

① 单击"标注"工具栏中的"线性"按钮。

② 在命令行中输入 DIMLINEAR，按 Enter 键。

③ 选择"标注"→"线性"命令。

（2）功能类型：分为水平标注、垂直标注、旋转标注 3 种类型。

（3）操作。

【例 7-2】　对图 7-17 所示图形进行线性标注。

单击"标注"工具栏中的"线性"按钮，命令提示如下。

_DIMLINEAR↙
指定第一条延伸线原点或<选择对象>:
指定第二条延伸线原点:
指定尺寸线位置或
[多行文字(M)/文字(T)/角度(A)/水平(H)/垂直(V)/旋转(R)]:

各选项含义如下。

① 指定尺寸线位置:通过鼠标确定尺寸线位置后选择字母。

② 多行文字(M):输入 M,弹出"文字格式"工具栏,可直接输入新值或修改尺寸值,也可以使用自动测量值,方式是在文字输入窗口中输入尖括号"<>"。完成后单击"确定"按钮。

③ 文字(T):执行此项直接输入要标注的文字。

④ 角度(A):执行此项指定标注文字的旋转角度。

⑤ 水平(H):执行此项可标注沿水平方向的尺寸。

⑥ 垂直(V):执行此项可标注沿垂直方向的尺寸。

⑦ 旋转(R):执行此项可标注指定方向或指定角度的尺寸。

注意:在执行水平、垂直、旋转任务后,可对标注的内容进行再次的多行文字、文字及文字角度的设定。

3.对齐标注

(1)启动方法。

① 单击"标注"工具栏中的"对齐"按钮。

② 在命令行中输入 DIMALIGNED,按 Enter 键。

③ 选择"标注"→"对齐"命令。

(2)功能类型:对齐标注是在任何情况下标注尺寸线都与延伸线原点连成的直线平行。

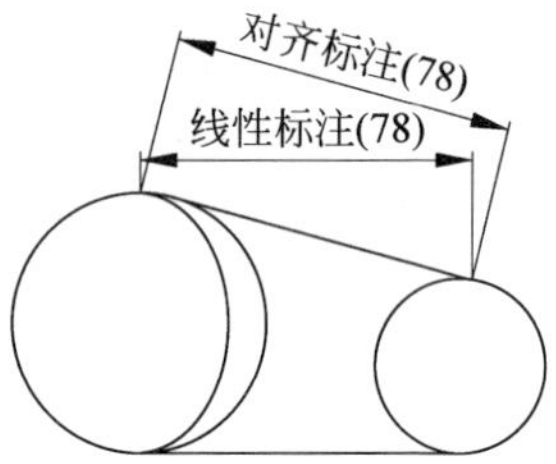

图 7-18 对齐标注与线性标注对比示例

(3)操作。

【例 7-3】 对图 7-18 所示图形进行尺寸标注。

单击"标注"工具栏中的"对齐"按钮。命令提示行如下。

_DIMALIGNED↙
指定第一条延伸线原点或<选择对象>:
指定第二条延伸线原点:
指定尺寸线位置或
[多行文字(M)文字(T)角度(A)]:

注意:指定第二条延伸线原点任务后,可对标注的内容进行多行文字、文字及文字角度的设定,然后按 Enter 键确定。

4.弧长标注

(1)启动方法。

① 单击"标注"工具栏中的"弧长"按钮。

② 在命令行中输入 DIMARC,按 Enter 键。

③ 选择"标注"→"弧长"命令。

（2）功能类型：对圆弧标注长度尺寸。

（3）操作：如图7-19所示。

单击"标注"工具栏中的"弧长"按钮。命令提示行如下。

`_DIMARC`↙

选择弧线段或多段线圆弧段：

指定弧长位置或[多行文字（M）/文字（T）/角度（A）/部分（P）/引线（L）]：

(a) 弧长完整标注

(b) 弧长部分标注

(c) X/Y坐标标注

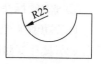
(d) 半径标注

图7-19 弧长、坐标、半径标注示例

注意：

- 在此提示中"多行文字（M）/文字（T）/角度（A）"可分别修改尺寸文字、旋转角度。
- 在此提示中"部分（P）"是指可以对部分圆弧进行长度尺寸的标注。其过程为选择弧长标注后，单击所要标注的弧长，出现全部的弧长数值，输入字母"P"则转化为对整体弧长中所需要的部分弧长进行标注。其具体提示如下。

指定弧长位置或[多行文字(M)/文字(T)/角度(A)/部分(P)/引线(L)]：P

指定弧长标注的第一点：
指定弧长标注的第二点：

- 在此提示中"引线（L）"是对弧长尺寸添加引线对象，此时圆弧一定大于90°，并且引线是径向的，指向该圆弧的圆心。若执行"无引线（N）"命令则使标注出的弧长尺寸没有引线。

5. 坐标标注

（1）启动方法。

① 单击"标注"工具栏中的"坐标"按钮。

② 在命令行中输入 DIMORDINATE，按 Enter 键。

③ 选择"标注"→"坐标"命令。

（2）功能类型：可标注指定点 X/Y 坐标标注。

（3）操作：如图7-19所示。

单击"标注"工具栏中的"坐标"按钮，命令提示行如下。

`DIMORDINATE`↙

指定点坐标：

指定引线端点或[X基准（X）/Y基准（Y）/多行文字（M）/文字（T）/角度（A）]：

若在此提示中可对指定点坐标 X、Y 基准进行调整，可分别修改文字尺寸及旋转角度。

注意： 在坐标标注时，可通过光标移动改变 X 轴坐标或 Y 轴坐标的设定，也可通过在命令行中输入"X"或"Y"进行设定。

6．半径标注

（1）启动方法。

① 单击"标注"工具栏中的"半径"按钮 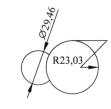。

② 在命令行中输入 DIMRADIUS，按 Enter 键。

③ 选择"标注"→"半径"命令。

（2）功能类型：对圆或圆弧标注半径尺寸。

（3）操作：如图 7-19 所示。

单击"标注"工具栏中的"半径"按钮。命令提示行如下。

选择圆弧或圆：
标注文字 = 25
指定尺寸线位置或[多行文字(M)/文字(T)/角度(A)]：

注意：若在此提示下直接选定尺寸线的位置，则会直接标注出圆或圆弧的半径。通过"多行文字(M)/文字(T)/角度(A)"命令可分别修改尺寸文字、旋转角度及是否将角度尺寸文字位于延伸线外。

7．折弯标注

（1）启动方法。

① 单击"标注"工具栏中的"折弯"按钮 折弯(J)。

② 在命令行中输入"DIMJOGGED"，按 Enter 键。

③ 选择"标注"→"折弯"命令。

（2）功能类型：对圆或圆弧进行折弯标注。

（3）操作：如图 7-20 所示。

单击"标注"工具栏中的"折弯"按钮。命令提示行如下。

图 7-20　折弯、直径标注示例

DIMJOGGED
选择圆弧或圆：
指定图示中心位置：
标注文字 =
指定尺寸线位置或[多行文字(M)/文字(T)/角度(A)]：
指定折弯位置：

注意：折弯标注一般用于特殊标注或警示性标注，其方式方法同半径标注，通过"多行文字(M)/文字(T)/角度(A)"命令可修改尺寸文字、旋转角度及是否将角度尺寸文字位于延伸线外。

8．直径标注

（1）启动方法。

① 单击"标注"工具栏中的"直径"按钮。

② 在命令行中输入 DIMDIAMETER，按 Enter 键。

③ 选择"标注"→"直径"命令。

（2）功能类型：对圆或圆弧标注直径尺寸。

（3）操作：如图7-20所示。

单击"标注"工具栏中的"直径"按钮。命令提示行如下。

```
DIMDIAMETER↙
选择圆弧或圆：
标注文字 =
指定尺寸线位置或[多行文字(M)/文字(T)/角度(A)]：
```

注意：若在此提示下直接选定尺寸线的位置，则会直接标注出圆或圆弧的直径。通过"多行文字(M)/文字(T)/角度（A）/象限点（Q）"命令可分别修改尺寸文字、旋转角度及是否将角度尺寸文字位于延伸线外。

9．角度标注

（1）启动方法。

① 单击"标注"工具栏中的"角度"按钮 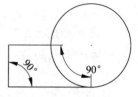。

② 在命令行中输入 DIMANGULAR，按 Enter 键。

③ 选择"标注"→"角度"命令。

（2）功能类型：可标注圆弧的包含角、圆上某段圆弧的包含角、根据指定的三点标注角度、两条非平行直线之间的夹角。

（3）操作。

【例7-4】 对图7-21所示图形进行角度标注。

单击"标注"工具栏中的"角度"按钮。命令提示行如下。

图 7-21　角度标注示例

```
DIMANGULAR↙
选择圆弧、圆、直线或<指定顶点>：
选择第二条直线：              //(指定直线间夹角命令提示)
指定角的第二个端点：          //(圆上某段圆弧的包含角命令提示)
指定角的第一个端点：
指定角的第二个端点：          //(指定的三点标注角度命令提示)
指定标注弧线位置或[多行文字(M)/文字(T)/角度(A)/象限点(Q)]
```

注意：

• 两条非平行直线之间的夹角。在此提示下直接选定标注第二条直线的位置，则会直接标注出两条直线间的夹角。

• 圆上某段圆弧的包含角。直接在提示下选定标注弧线的位置，则会按照实际测量值标注出角度，其角度顶点为圆心，延伸线通过选择圆时的拾取点和选择需要标注的第二端点。

• 根据指定的三点标注角度。在此提示下直接选择标注弧线位置，就会根据给定的三点标注角度。

• 通过"多行文字(M)/文字(T)/角度(A)/象限点(Q)"命令可分别修改尺寸文字、旋转角度及是否将角度尺寸文字位于延伸线外，如图7-21所示，对圆上的弧长标注样式。

10．基线标注

（1）启动方法。

① 单击"标注"工具栏中的"基线"按钮 ▭ 基线(B) 。

② 在命令行中输入 DIMBASELINE，按 Enter 键。

③ 选择"标注"→"基线"命令。

（2）功能类型：基线标注是以第一条标注的
基线为准，连续标注多个线性尺寸，且每个线性
尺寸具有一定的偏移距离。

（3）操作：如图 7-22 所示。

单击"基线"按钮。命令提示行如下。

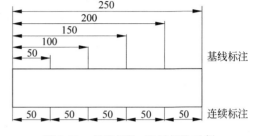

图 7-22 基线标注、连续标注示例

```
DIMBASEIINE↙
指定第二条延伸线原点或[放弃(U)/选择(S)]<选择>:
```

注意：

- 当确定全部尺寸线标注完成后，按 Enter 键完成。其中，"放弃(U)"命令为从回到前
  一操作；"选择(S)"命令则为设置连续标注由哪一个延伸线引出，即会以自己指定
  的延伸线作为第一延伸线。
- 基线标注的前提是先得有一条标注。

11．连续标注

（1）启动方法。

① 单击"标注"工具栏中的"连续标注"按钮。

② 在命令行中输入 DIMCONTINUE，按 Enter 键。

③ 选择"标注"→"连续标注"命令。

（2）功能类型：连续标注用于当相邻两条或两条以上尺寸需要标注时可共用一条延伸
线进行连续同样的尺寸标注。

（3）操作：如图 7-22 所示。

单击"连续标注"按钮。命令提示行如下。

```
DIMCONTINUE↙
指定第二条延伸线原点或[放弃(U)/选择(S)]<选择>:
```

注意：

- 当确定第一条尺寸线标注后，用同样方式继续对第二条尺寸线标注，直到所有标注
  完成后按 Enter 键完成。其中"放弃(U)/选择(S)"命令同基线标注。
- 连续标注的前提是先得有一条标注。

12．多重引线标注

（1）多重引线样式

① 启动方法。

a. 单击"格式"工具栏中的"多重引线样式"按钮。

b. 在命令行中输入 MLEADERSTYLE,按 Enter 键。

c. 选择"格式"→"多重引线样式"命令。

② 功能类型:设置多重引线样式。

③ 操作。

单击"多重引线样式"按钮,弹出"多重引线样式管理器"对话框,如图 7-23 所示。

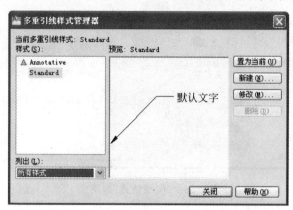

图 7-23 "多重引线样式管理器"对话框

主要参数说明如下。

a. "当前多重引线样式"选项:显示默认的当前多重引线样式 Standard。

b. "样式"列表框:列出已有样式名称。

c. "列出"下拉列表:确定"样式"列表框需要列出的多重引线样式。有"所有样式"和"正在使用的样式"两项进行选择。

d. "预览"图像框:可预览选中的多重引线样式的标注效果。

e. "置为当前"按钮:设定多重引线样式为所指定的样式。

f. "新建"按钮:创建新的多重引线样式,单击该按钮显示图 7-24 所示的对话框。

g. "修改"按钮:对已经设定的引线样式进行修改,其操作方式同"新建"按钮,弹出"修改多重引线样式"对话框。

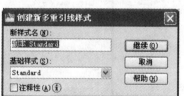

图 7-24 "创建新多重引线样式"对话框

h. "删除"按钮:对已有的多重引线样式进行删除。

设置新样式名称及确定新样式的基础样式,"注释性"表示是否将设定的新样式进行注释。全部选定后单击"继续"按钮,打开"修改多重引线样式"对话框。

① "引线格式"选项卡如图 7-25 所示,主要参数说明如下。

a. "引线格式"选项卡:对引线格式进行设定。

b. "常规"选项组:对多重引线的线进行设定,内容包括线的类型、颜色、线型及线宽。

c. "箭头"选项组:对多重引线的箭头进行符号与大小的选定。

d. "引线打断"选项组:设置引线打断的距离值。

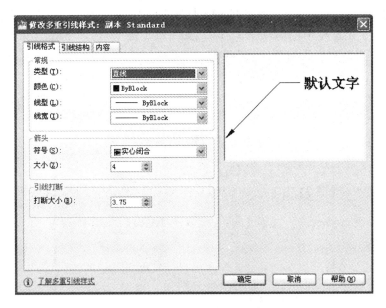

图 7-25 "引线格式"选项卡

e."预览框"：可实时对设定的引线样式进行观察。

引线格式设置完毕，单击"确定"按钮完成。

②"引线结构"选项卡主要对引线结构进行设置，如图 7-26 所示，主要参数说明如下。

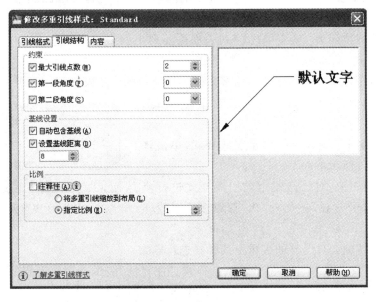

图 7-26 "引线结构"选项卡

a."约束"选项组：选择"最大引线点数"选项，在其复选框中选择引线端点的最大数量。"第一段角度"和"第二段角度"选项用于设置反应引线中第一段直线和第二段直线方向的角度，另外引线在样条曲线的情况下是设置第一段样条曲线和第二段样条曲线起点切线的角度。角度指定完成后，对应线（或曲线）的角度方向会按照设置值的整数倍变化。

　　b."基线设置"选项组：设置多重引线中的基线，即"预览"框中的水平直线部分。"自动包含基线"选项用于设置是否需要基线，"设置基线距离"选项用于设置基线长度。

　　c."比例"选项组：设置多重引线的缩放关系。首先要确定是否需要注释性样式，若选择则按照注释性样式进行缩放，若不选则可以选中"将多重引线缩放到布局"单选按钮，意思是根据模型空间视口和图纸之间的比例确定比例因子，也可以选择"指定比例"选项自行设置多重引线标注的缩放比例。

　　d."预览框"：可实时对设定的引线样式进行观察。

　　③"内容"选项卡设置多重引线标注内容，如图7-27所示，主要参数说明如下。

图7-27　"内容"选项卡

　　a."多重引线类型"列表框：设置多重引线类型，有"多行文字"、"块"、"无"3个选项，其中"多行文字"选项是对文字级引线连接进行修整，如图7-28所示。

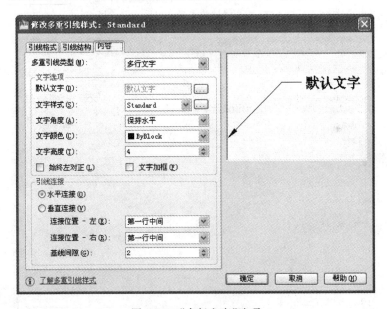

图7-28　"多行文字"选项

　　b."文字选项"选项组：可对文字性质进行设定。单击"默认文字"选项右边的按钮出现"文字格式"对话框，如图7-28所示。通过文字编辑器对所输入文字进行字体、大小、加粗、下画线、颜色、位置、比例等多方面的设定，完成后单击"确定"按钮。另外，也可对"文字选项"选项组中的"文字样式"、"文字角度"、"文字颜色"、"文字高度"、"始终左对正"、"文字加粗"选项进行简单设定。

　　c."引线连接"选项组：设置标出的对象沿垂直方向上相对于引线基线的位置，有多种选项如图7-29所示。"水平连接"选项用于确定基线相对于文字的具体位置。选择"连接位置-左"选项表示引线在多行文字左侧；选择"连接位置-右"选项表示引线在多行文字右侧；

"基线间隙"选项表示可以设置基线与文字间隙。二者下拉列表相同,"第一行顶部"选项可使第一行顶部与基线对齐;"第一行中间"选项可使第一行中间与基线对齐;"第一行底部"选项可使第一行底部与基线对齐;"第一行加下划线"选项可使多行文字的第一行加上下划线;"文字中间"选项可使多行文字的中间部分与基线对齐;"最后一行中间"选项可使多行文字的最后一行中间与基线对齐;"最后一行底部"选项可使多行文字的最后一行底部与基线对齐;"最后一行加下划线"选项可使最后一行文字加下划线;"所有文字加下划线"选项可使所有多行文字加下划线。"垂直连接"选项用于确定引线终端位于文字上方还是下方,并可以确定多种居中方式。"连接位置-上"选项表示引线在多行文字上边,"连接位置-下"选项表示引线在

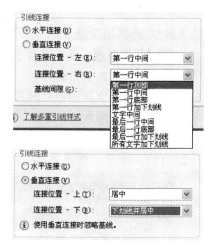

图 7-29　"引线连接"选项组

多行文字下边,且可通过二者下拉列表选择"居中"、"上划线并居中"或"下划线并居中"选项。

　　选择"多重引线类型"下拉列表中的"块"选项,如图 7-30 所示。

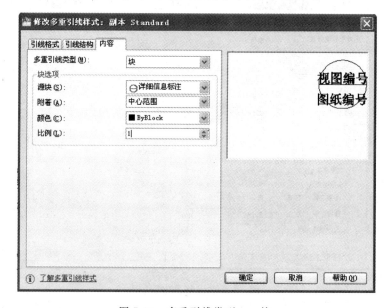

图 7-30　多重引线类型——块

　　d."块选项"选项组:在多重引线需要块时,对多重引线中进行块的设定。"源块"选项用于选定块的形状,如图 7-31 所示,其中选择选项栏中的"用户块"选项可自行定义内容块,并从自设图形块中选择;"附着"选项用于确定块与引线的关系,有"中心范围"和"插入点"两个选项;"颜色"选项用于确定块的颜色;"比例"选项用于设置块的插入比例大小。

　　(2) 多重引线标注

　　① 启动方法。

　　a. 单击"标注"工具栏中的"多重引线"按钮。

b. 在命令行中输入 MLEADER,按 Enter 键。

c. 选择"标注"→"多重引线"命令。

② 功能类型:对注释文本进行引导是一个辅助信息。引线形式多样有直线、折线、样条曲线。

③ 操作。

单击"多重引线"按钮,选定对象即可标注。

注意:在不需要特殊条件时,可直接指定多重引线箭头位置。若需要"引线基线优先(L)"或"内容优先(C)"命令则输入"L"或"C"后按 Enter 键,从而设置多重引线基线位置或设置标注内容;"选项(O)"命令用于对多重引线标注进行设置,如图 7-32 所示,也可用鼠标选择所需选项。

图 7-31 "源块"下拉列表   图 7-32 多重引线的输入选项

"引线类型"选项用于设定引线类型;"引线基线"选项用于设定是否使用基线;"内容类型"选项用于设定多重引线的"多行文字"或"块";"最大节点数"选项用于设定引线端点的最大数量;"第一个角度"和"第二个角度"选项用于设定引线的方向角度。全部选定后,按 Enter 键,弹出"文字格式"对话框,对文字进行设置,完成后单击"确定"按钮,多重引线标注完成。

13. 公差标注

(1) 启动方法。

① 单击"标注"工具栏中的"公差标注"按钮 ⊞ 公差(T) 。

② 在命令中行输入 TOLERANCE,按 Enter 键。

③ 选择"标注"→"公差标注"命令。

(2) 功能类型:标注形状公差和位置公差,即形位公差。其中,引线标注的公差显示引线,公差标注则不显示引线。

(3) 操作。

单击"公差标注"按钮,弹出图 7-33 所示的对话框。各选项含义的说明如下。

① "符号"选项栏:单击黑框,弹出"特征符号"选项栏,如图 7-34 所示,选择所需的公差符号,则该符号注入黑框中,若选择"特征符号"选项栏右下角的空白符号,则清空黑框中的公差符号。

特征符号含义(顺序为从左到右):位置度、同轴度、对称度、平行度、垂直度、倾斜度、圆柱度、平面度、圆度、直线度、面轮廓度、线轮廓度、圆跳动、全跳动、清空。

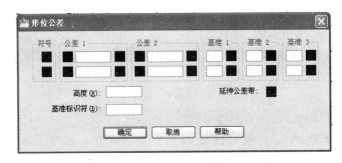

图 7-33 "形位公差"对话框

②"公差1"、"公差2"选项栏：创建公差值，前一个黑框可插入直径符号，中间框输入公差值，后框可单击，弹出"附加符号"选项栏，如图 7-35 所示，表示其包容条件。其中，M 为最大包容条件，材料取最大公差值；L 为最小包容条件，材料取最小公差值；S 为忽略形位公差，材料取公差内任意尺寸。

图 7-34 "特征符号"选项栏   图 7-35 "附加符号"选项卡

③"基准1"、"基准2"、"基准3"选项栏：指定基准值和包容条件。

④"延伸公差带"选项栏：可添加公差带符号。

⑤"高度"文本框：创建延伸公差带的高度值，可控制固定垂直延伸区高度，以位置公差控制精度。

⑥"基准标识符"文本框：设置基准标识符号。

设置完成后，提示输入公差位置，在图形中选定即可。

14．圆心标记

（1）启动方法。

① 单击"标注"工具栏中的"圆心标记"按钮。

② 在命令行中输入 DIMCENTER，按 Enter 键。

③ 选择"标注"→"圆心标记"命令。

（2）功能类型：对圆或圆弧进行圆心标记。

（3）操作。

单击"圆心标记"按钮，选定圆或圆弧即可标注，标记类型如图 7-7 所示。

15．折弯线性标注

（1）启动方法。

① 单击"标注"工具栏中的"折弯线性"按钮。

② 在命令行中输入 DIMJOGLINE,按 Enter 键。

③ 选择"标注"→"折弯线性"命令。

(2) 功能类型:在已经进行线性标注后,改为用折弯形式标注线性长度,表示标注的对象折断,其标注值为真实距离,不是 AutoCAD 在图形中的测量距离。

(3) 操作。

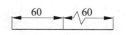

【例 7-5】 对图 7-36 所示图形进行线性标注及折弯标注。

图 7-36 折弯与线性比较示例

单击"折弯线性"按钮,命令提示如下。

DIMJOGLINE↙
选择要添加折弯的标注或[删除(R)]:
指定折弯位置或(按 Enter 键):

注意:在折弯标注前,一定要先进行线性标注才能产生折弯标注。

7.4 本章小结

(1) 尺寸标注对于一般作图有其快速的标注方式,对于专业图形的尺寸标注就要设置适合专业的尺寸标注样式,其标注样式共有 7 个选项供其选择。

(2) 尺寸标注主要有快速标注、线性标注、对齐标注、弧长标注、坐标标注、半径标注、直径标注、角度标注、圆心标注、多重引线等多种样式,每种标注各有其特色。

(3) 标注后可对其进行修改,如对齐文字、倾斜、折弯线性、替代等操作,对其图形有可修订性。

7.5 复习思考题

1. 有哪几种常用的尺寸箭头? 你所学的专业用什么样的尺寸箭头? 一般多大?

2. "线"选项卡中的"起点偏移量"、"超出尺寸线"选项的含义是什么? 你所学专业的图纸中的起点偏移量一般取多少? 对"超出尺寸线"选项的值有无规定?

3. "文字"选项卡中的"从尺寸线偏移"选项指的是什么? "文字对齐"区的"水平"和"与尺寸线对齐"选项用于控制什么?

4. "调整"选项卡中的"文字或箭头(最佳效果)"选项按什么规则放置文字和箭头?

5. 在尺寸标注中,如果不使用 AutoCAD 的自动测量值,如何输入新值?

6. 在尺寸标注中,如何在 AutoCAD 自动测量值的前面加上前缀? 如何加上后缀?

7. 如何删除用户建立的标注样式?

8. 连续标注和基线标注以什么为前提?

9. 当对某一点进行坐标标注时,能否一次既标出 X 坐标又标出 Y 坐标?

10. 能否对椭圆进行半径标注和直径标注?

第8章 创建和使用块

教学目标：

当工程制图 AutoCAD 绘图时，会产生重复使用的一些基本图形，这就需要将图形以块的形式存储，以便使用时将其调取直接插入进行使用，从而提高绘图效率。本章对块的特点及如何创建和使用块都将进行详细说明。

8.1 块的创建与编辑

1. 块的概念

（1）块的概念：块是一组图形对象的集合，将一组完成的组合以块的形式出现，并对该块进行命名。当需要此图形时，直接查找该图块名将其插入到图中任何指定位置，并可以按照要求所插入的块进行比例系数的缩放和旋转。

（2）块的特点如下。

① 可建立图形库，提高绘图效率。

② 不重复性，节省存储空间。

③ 便于加入属性，将其保存到单独文件中。

2. 块的创建

（1）定义内部块

定义此块为内部块，它从属于定义块所在的图形。

① 启动方法。

a. 单击"绘图"工具栏中的创建块的按钮 🔳 创建(B)... 。

b. 在命令行中输入 BLOCK，按 Enter 键。

c. 选择"绘图"→"块"→"创建"命令。

② 功能类型：将选定的图形定义为块。

③ 操作。

单击"创建"按钮出现"块定义"对话框，如图 8-1 所示。主要参数的说明如下。

a. "名称"下拉列表：直接输入块的名称。

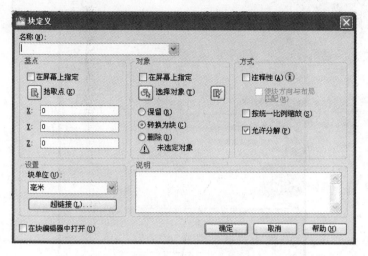

图 8-1 "块定义"对话框

b. "基点"选项组：设置块的插入点位置。此时，可以选择"在屏幕上指定"块的位置，也可以"拾取点"的方式确定块的位置，如果图形以坐标形式出现也可以直接确定其插入点的坐标，共有 3 种方式选择。

c. "对象"选项组：设置块的对象。"在屏幕上指定"选项可选定对象，也可选择"选择对象"选项定义选择集，"保留"选项可使选定对象仍保留在图形中，"转换为块"选项可将选定对象转换成图形中的块，"删除"选项可在图形中删除定义的块。

d. "方式"选项组："注释性"选项指定块为注释性。

e. "设置"选项组：要想将图块缩放到图形中时，可选择此项。单击"超链接"按钮出现"插入超链接"对话框，可将块链接到 Web 页。

f. "说明"栏：对块进行文字说明。

（2）定义外部块

用户可将块以单独的文件进行保存。

① 启动方法。

a. 单击"绘图"工具栏中"块"的按钮。

b. 在命令行中输入 BLOCK，按 Enter 键。

c. 选择"绘图"→"块"→"创建"命令。

② 功能类型：将选定的图形定义为外部块。

③ 操作。

输入 WBLOCK 后弹出"写块"对话框，如图 8-2 所示。主要参数的说明如下。

a. "源"选项组：将选定的块和对象保存为文件并指定插入点。在"块"选项处输入内部块名称，可将已经命名的内部块作为外部块对象；"整个图形"选项可设置当前全部图形作为对象，"对象"选项用于选择保存外部块的对象。

b. "基点"选项组：设置外部块的插入点位置。此时，可以"拾取点"的方式确定外部块的位置，如果图形以坐标形式出现也可以直接确定其插入点的坐标。

图 8-2 "写块"对话框

c. "对象"选项组：设置外部块的对象。此时，可选择"选择对象"选项定义选择集，"保留"选项可使选定对象仍保留在图形中，"转换为块"选项可将选定对象转换成图形中的外部块，"删除"选项可在图形中删除定义的外部块。

d. "目标"选项组：设置外部块的路径及文件名，同时选择"插入单位"选项可将图块缩放到图形中，不需要选择"无单位"选项。

3．插入块

（1）启动方法。

① 单击"绘图"工具栏中的"插入"按钮 🖫 。

② 在命令行中输入 INSERT，按 Enter 键。

③ 选择"绘图"→"插入"命令。

（2）功能类型：将以定义的图形以块的形式从设计中心和工具选项板进行插入。

（3）操作。

单击"绘图"工具栏中的"插入"按钮，出现"插入"对话框，如图 8-3 所示。各项说明如下。

① "名称"选项：输入要插入的块的名称，也可以在"浏览"中进行查找。

② "插入点"选项组：可选择"在屏幕上指定"复选框或以坐标形式确定。

③ "比例"选项组：设置插入块的缩放比例，其中选择"在屏幕上指定"复选框是指缩放比例是在屏幕上指定，也可使用坐标缩放，在 X、Y、Z 轴上任意选择缩放比例。

④ "旋转"选项组：选择"在屏幕上指定"复选框或直接设置旋转角度。

⑤ "块单位"选项组：显示有关块的信息。

⑥ "分解"选项：选择后则将块分解成组成块时的各个基本对象。

全部设置完毕，单击"确定"按钮。

图 8-3 "插入"对话框

8.2 带属性块的创建与编辑

属性块是附属于块的非图形信息,是块的一个组成部分,可包含在块定义中的文字对象,定义块时属性必须预先定义然后被选择,常应用于当块进行插入时进行自动注释。

1. 属性块的创建

(1)启动方法。

① 单击"绘图"工具栏中"块"的"编辑块定义"按钮。

② 在命令行中输入 BEDIT,按 Enter 键。

③ 选择"绘图"→"块"→"编辑块定义"命令。

(2)功能类型:在编辑块定义中对块进行修改。

(3)操作。

打开"编辑块定义"对话框,如图 8-4 所示。

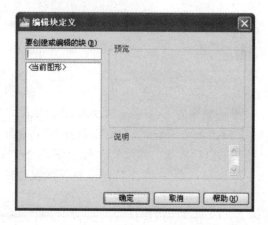

图 8-4 "编辑块定义"对话框

在对话框左侧选择要编辑的块,确定后进入编辑模式,对块进行编辑,如图 8-5 所示。

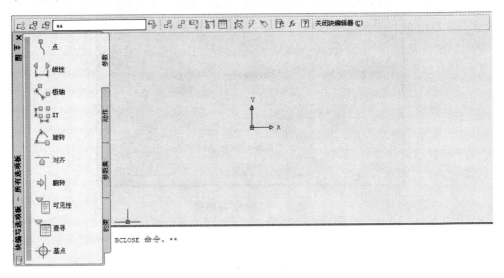

图 8-5　编辑模式的选择

2．块的属性

(1) 启动方法。

① 单击"绘图"工具栏中"块"的"定义属性"按钮。

② 在命令行中输入 ATTDEF,按 Enter 键。

③ 选择"绘图"→"块"→"属性定义"命令。

(2) 功能类型:定义块的属性。

(3) 操作。

打开"属性定义"对话框,如图 8-6 所示。各项说明如下。

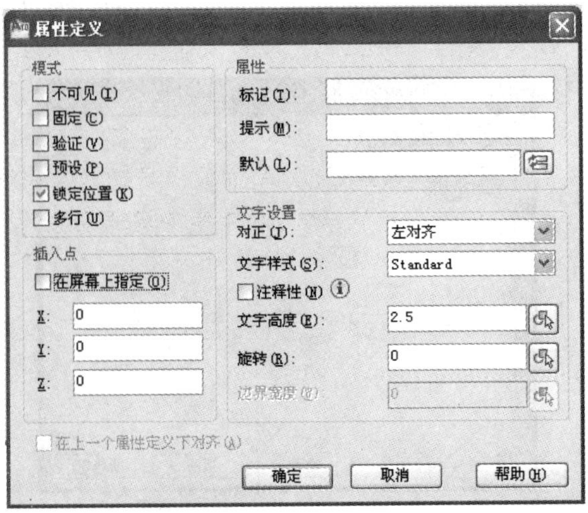

图 8-6　"属性定义"对话框

① "模式"选项组：设置在图形插入块属性的模式。"不可见"、"固定"、"验证"、"预设"、"锁定位置"、"多行"选项分别代表属性在块中显示可见、采用常量、用户校验、预设默认值、锁定位置及包含多行文字。

② "属性"选项组："标记"选项设置输入属性的标记；"提示"选项设置输入属性值的提示信息；"默认"选项设置输入属性的默认值。

③ "插入点"选项组：选择"在屏幕上指定"选项，也可使用坐标缩放指定插入点。

④ "文字设置"选项组：设置属性文字的格式。"对正"选项设置文字在插入点的排列方式，通过下拉列表根据客户要求进行选择；"文字样式"、"文字高度"选项设置文字样式及高度；"旋转"选项设置文字行的旋转角度，若在"对正"下拉列表中进行了选择，则在此不可用。"边界宽度"选项设置宽度值，0 表示无限制。"在上一个属性定义下对齐"选项。

⑤ 选择后直接设置在定义的上一个属性下面，若没创建属性，则不可用。

8.3 本章小结

(1) 图块又称为块，是一组对象的集合。它提供了重用图形的手段。图块分为内部图块和外部图块，各有其定义方法，插入方法也很多。

(2) 带有属性的图块称为属性图块。属性图块从定义到使用分为 4 步：绘制组成图块的图形；定义属性；定义属性图块；插入属性图块，确定属性值。

(3) 设计中心和工具选项板也提供了重用图形等内容的手段，使用很方便。

8.4 复习思考题

1. 插入的图块可以进行复制、移动、阵列、镜像等操作吗？请实验。

2. 图块有哪两种类型？哪一种既可以用于定义它的图形中，也可以用于其他图形文件中？为什么可用于其他图形文件中？

3. 一般的 AutoCAD 图形文件能否作为图块插入到当前图形文件中？如果能，AutoCAD 将该图形文件的什么位置作为插入基点？如果不能，说明原因。

4. 什么是属性图块？属性能否单独使用（即只使用属性，不使用图块）？一个图块只能带一个属性吗？当插入属性图块时，AutoCAD 是如何保证插入某属性的不同值的？

5. 如何利用设计中心创建 AutoCAD 各符号库的工具选项板？

第9章 图形打印与输出

教学目标：

本章重点讲解模型空间和布局的概念与区别、图幅的设置及尺寸要求、从模型空间打印输出曲线的操作方法和从图纸空间打印输出单视口及多视口的曲线的操作方法。

9.1 模型空间与布局

AutoCAD 提供了两个虚拟的空间，即模型空间和图纸空间，在建立模型过程中，用户所工作的环境称为模型空间，可以绘制曲线，也可以绘制曲面。在模型空间中，为了绘图及定位方便，用户可以开辟多个视口（视图窗口），在不同视口中，设定不同的观察点，可以清楚地观察模型的各个细节。相当于模型不动，人绕着模型移动，人所站立的位置称为视点。用户可以远离或靠近模型，因此模型会显得大一些或小一些，但其实际尺寸未变。因此，不同视口中对模型的操作会影响到其他视口的显示。

在模型空间进行绘图输出，其缺陷是一次只能输出一个视口，对于复杂的图形很难在一个视口内表达清楚，为此引入图纸空间的概念。

图纸空间是实际图纸的模型，单击"布局"按钮可以进入图纸空间。图纸空间是一种工具，它完全模拟了图纸页面，在图纸空间工作，就像在一大张图纸上贴相片一样，你可以以自己的喜好随意在绘图区内安排相片的位置。

在图纸空间中，一个绘图文件可以有多个视口，不仅可以打印输出单个视口，还可以设置打印若干个视口，并且为每个视口指定不同的比例。

9.2 图形输出设置

1. 图幅设置

图幅指图纸幅度的大小，分为横式幅面和立式幅面，主要有 A0、A1、A2、A3、A4，图幅大小与图框有严格规定。图纸以短边为垂直边为横式，以短边为水平边为立式，A0～A3 横式图幅具体尺寸如图 9-1 所示，A0～A3 立式图幅具体尺寸如图 9-2 所示，A4 立式图幅具体尺寸如图 9-3 所示。

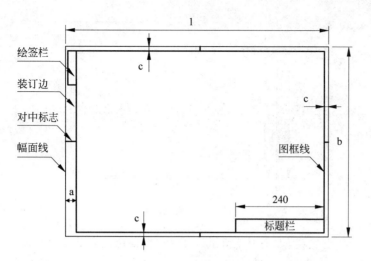

图 9-1　A0～A3 横式图幅

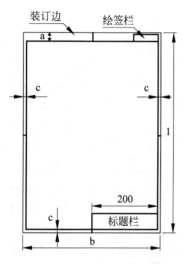

图 9-2　A0～A3 立式图幅

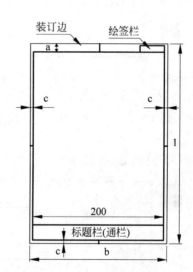

图 9-3　A4 立式图幅

幅面代号及具体尺寸见表 9-1。

表 9-1　图幅代号及尺寸

尺寸代号 \ 幅面代号	A0	A1	A2	A3	A4
b×1	841×1189	594×841	420×594	297×420	210×297
c	10			5	
a	25				

【例 9-1】　制作 A3 图框,如图 9-4 所示。要求如下。

标题栏:即图纸的图标栏,包含设计单位名称、工程名称、图名、图号、签字区等,也可以采用个性化的图标格式。

会签栏:用于各工种负责人审核后签名的表格,包括专业、姓名、日期等内容。

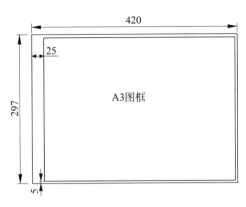

图 9-4　A3 图框

【例 9-2】 绘制会签栏，如图 9-5 所示。

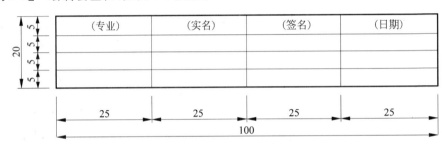

图 9-5　会签栏

【例 9-3】 绘制标题栏，如图 9-6 所示。

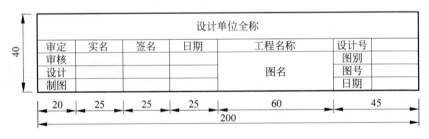

图 9-6　标题栏

2．打印样式设置

要输出图形，可以选择"文件"→"打印"菜单，打开"打印"对话框，然后在该对话框中设置打印设备、图纸尺寸、打印区域等参数。这样做有些麻烦，因为每次打印都必须重新进行设置。为此，AutoCAD 提供了页面设置管理器，通过该功能可设置图形输出设备和输出参数（如图纸尺寸、打印比例等），并且页面设置可以保存在图形文件中。

3．从模型空间输出

模型空间是在 AutoCAD 中绘图的主要场所，在模型空间中，可以绘制二维图形，也可以绘制三维实体造型，但是在模型空间中，只能同时打印一个视口的图形对象。在

AutoCAD 中,一般使用模型空间输出草图。选择"文件"→"页面设置管理器"菜单,在打开的"页面设置管理器"对话框中可设置输出设备、图纸尺寸、打印范围和打印比例等,如图 9-7 所示。

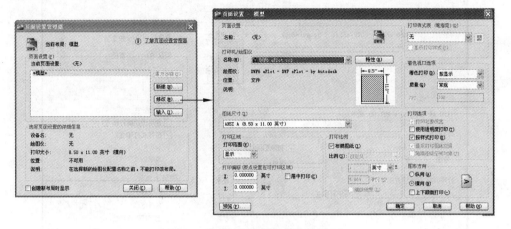

图 9-7 页面设置管理器参数设置

【例 9-4】 从模型空间用 A4 纸最大化输出第 6 章课后题第 3 题的输出,如图 9-8 所示。

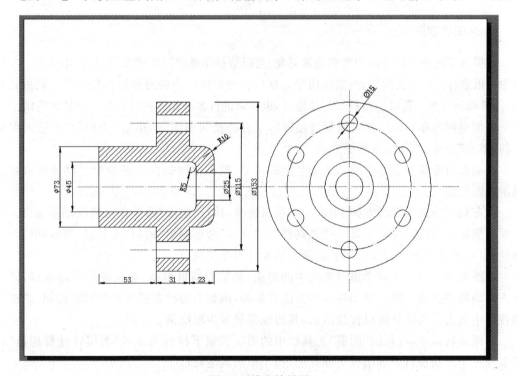

图 9-8 输出效果图

具体操作步骤如下。

(1) 打开第 6 章课后题第 3 题所绘制的图形。

(2) 选择"文件"→"页面设置管理器"菜单,设置参数如图 9-9 所示。

图 9-9　页面参数设置

4. 从图纸空间输出

在模型空间中绘制好的曲线和曲面对象,可以通过图纸空间生成布局,并打印输出。在布局中可以进行打印页面的设置,当使用浮动视口将模型空间中的图形转换到图纸空间进行布局时,可以使用单一视口的布局与打印输出,也可以进行多个相嵌视口的布局与打印输出。

模型空间与布局的切换可以通过绘图区下方的按钮来实现,单击"模型"按钮进入模型空间,单击"布局"按钮进入图纸空间。

浮动视口是联系模型空间和图纸空间的桥梁,模型空间的内容必须通过浮动视口才能显示在图纸空间。

在布局图中进入图纸空间,单击浮动视口边界,执行"删除"命令即可删除浮动视口。浮动视口删除后,通过选择"工具"→"工具栏"→"视口"命令调出"视口"工具栏,可以创建新的浮动视口,并且可使用通常的图形编辑方法来编辑浮动视口。

在图纸空间中无法编辑模型空间中的对象,如果要编辑模型,必须激活浮动视口,即可进入浮动模型空间。激活浮动视口的方法有多种,例如单击状态栏上的"图纸"按钮,或在浮动视口中双击。当浮动视口被激活后,其边线将显示为粗线条。

在浮动视口中,可利用"图层"工具栏中的图层控制下拉列表或者"图层特性管理器"对话框在一个浮动视口中冻结或解冻某层,而不影响其他视口。

当用户在布局图中使用了多个浮动视口时,还可以为这些视口中的视图建立不同的缩放比例。

【例 9-5】 从图纸空间打印输出单一视口的曲线。

具体操作步骤如下。

(1) 打开第 6 章课后题第 4 题所绘制的图形,单击绘图区下方的"布局 1"按钮,进入布局1图纸空间。此时,图纸上会出现一个虚线框和一个实线框,虚线框表示可打区域,实线框表示系统自动生成一个视口,如图9-10所示。

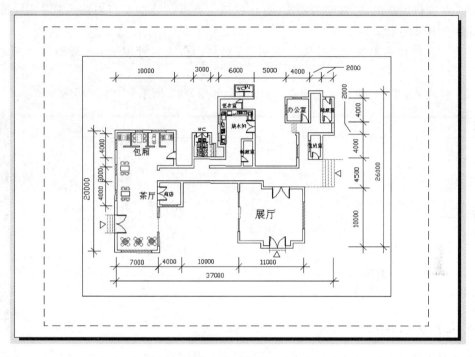

图9-10 切换到布局自动生成一个视口

（2）选择"文件"→"页面设置管理器"命令进行设置,打印设备为DWF6 ePlot.pc3,打印样式为acad.ctb,图纸尺寸为A3,打印比例默认为1：1,最后打印比例在视口中确定。

（3）其他设置如图9-11所示,然后单击"确定"按钮。

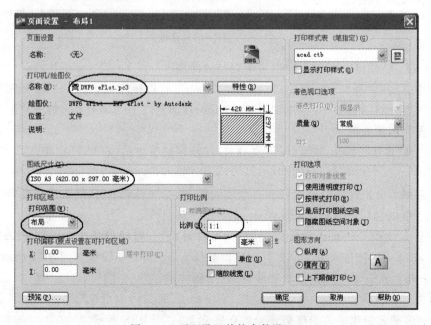

图9-11 页面设置其他参数设置1

（4）选中系统自动生成的视口实线框，然后删掉，新建一个图层，名为"视口"，在此图层下，选择"工具"→"工具栏"→"视口"命令调出"视口"工具栏，创建一个单一视口，布满即可。

（5）在视口内双击，边框变为粗实线，在视口工具条的比例窗口内输入"5：1"，在视口外双击回到图纸空间。

注意：在视口内双击，回到模型空间，可编辑；在视口外双击，回到图纸空间，不可编辑。

（6）插入 A3 图框，插入点为原点，打印预览如图 9-12 所示。

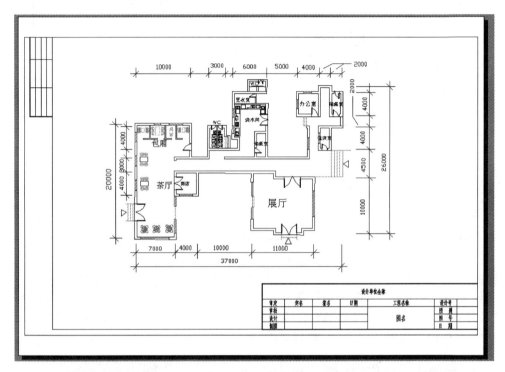

图 9-12　打印预览效果

【例 9-6】　从图纸空间打印输出多个视口的曲线。

打开素材文件"第 11 章\多视口输出曲线.dwg"，在图纸空间插入 A2 选项框并进行相嵌视口的布局输出，平面图，立面图比例为 1：100，剖面图以 1：50，节点大样图比例为 1：10。

具体操作步骤如下。

（1）打开"多视口输出曲线.dwg"文件，单击绘图区下方的"布局 1"按钮，进入布局 1 图纸空间。

此时图纸上会出现一个虚线框和一个实线框，虚线框表示可打区域，实线框表示系统自动生成一个视口，如图 9-13 所示。

（2）选择"文件"→"页面设置管理器"命令进行设置，打印设备为 DWF6 ePlot.pc3，打印样式为 acad.ctb，图纸尺寸为 A2 打印比例默认为 1：1，其他设置如图 9-14 所示。

（3）选中系统自动生成的视口实线框，然后删掉，新建一个图层，名为"视口"，在此图层下，调出"视口"工具栏，创建一个单一视口，布满即可，视口内双击，变成浮动视口，设置比例为 1：100，将平面图和立面图移至该视口合适位置，如图 9-15 所示。

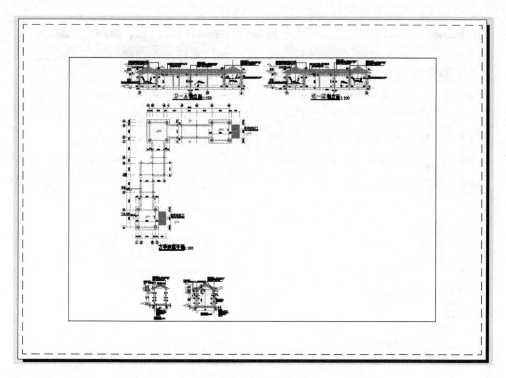

图 9-13　切换到布局

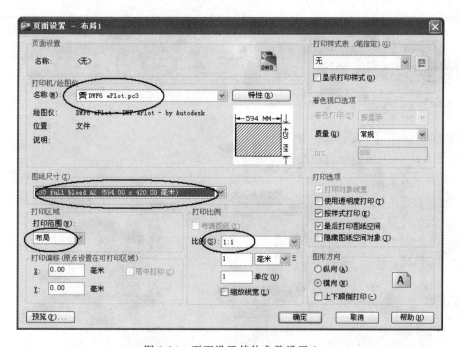

图 9-14　页面设置其他参数设置 2

　　(4) 继续执行"单个视口"命令,创建一个浮动的视口(注意:不要布满,拖拽一个视口框),设置比例为 1:50,将剖面图移至合适位置,如图 9-16 所示。

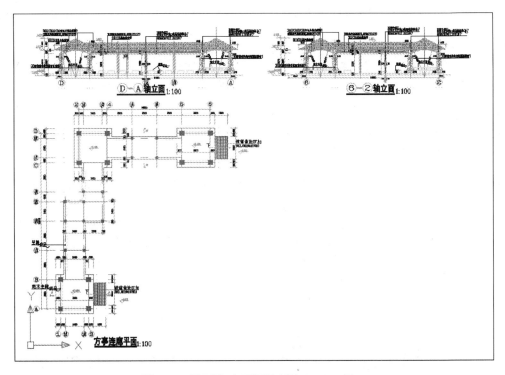

图 9-15　平面图、立面图比例为 1∶100 视口

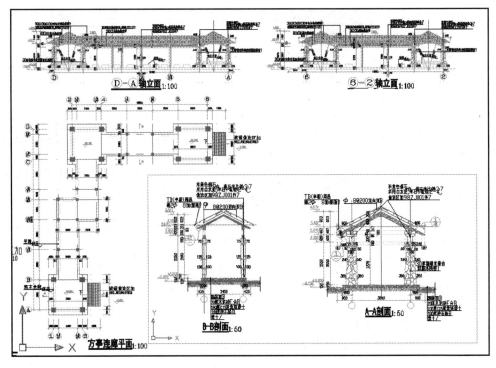

图 9-16　剖面图比例为 1∶50 视口

（5）再同样创建一个视口，比例为1：10，将结点大样图移至合适位置，如图9-17所示。

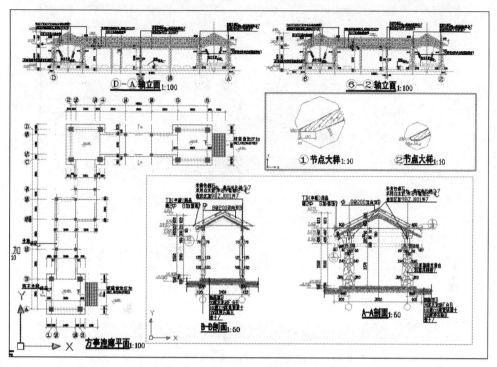

图9-17　结点大样图比例为1：10视口

（6）最后插入A2图框块，插入点位原点，打印即可。

9.3　图　纸　集

图纸集是基于布局的技术，因此要加入图纸集的图纸必须有至少一个初始化了的布局，仅在模型空间中绘制的图形是无法使用图纸集的。

图纸集是来自一些图形文件的一系列图纸的有序集合，可以从任何图形将布局作为图纸编号输入到图纸集中，在图纸一览表和图纸之间建立一种链接，图纸集可以作为一个整体进行管理、传递、发布和归档。这样可以让设计项目负责人快捷地将各专业和设计人员的图纸完整地组织起来。

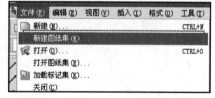

图9-18　新建图纸集

1. 创建图纸集

（1）利用样例创建图纸集

选择"文件"→"新建图纸集"菜单如图9-18所示，然后选择"样例图纸集"选项，如图9-19所示。

（2）利用现有图形创建图纸集

选择"文件"→"新建图纸集"菜单，然后选择"现有图形"选项，如图9-20所示。

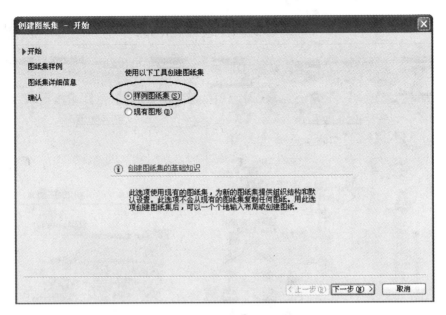

图 9-19　利用样例创建图纸集

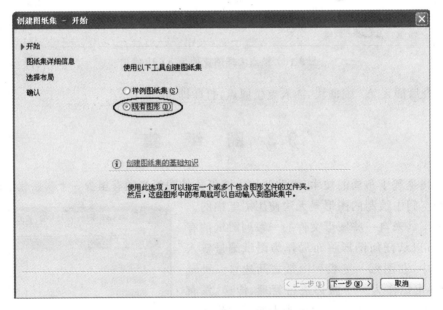

图 9-20　利用现有图形创建图纸集

　　在"图纸集详细信息"对话框里可以设置图纸集的名字以及保持位置等信息,如图 9-21 所示。

　　在"选择布局"对话框里,可以为图纸集指定布局,单击"浏览"按钮,如图 9-22 所示。

　　选择包含已经设置好布局图形的文件夹,如图 9-23 所示,从而把该图形的布局添加到图纸集中,如图 9-24 所示。

　　在"确认"对话框里,显示图纸集的详细信息,如图 9-25 所示,确认无误后单击"完成"按钮',至此创建了一个图纸集。

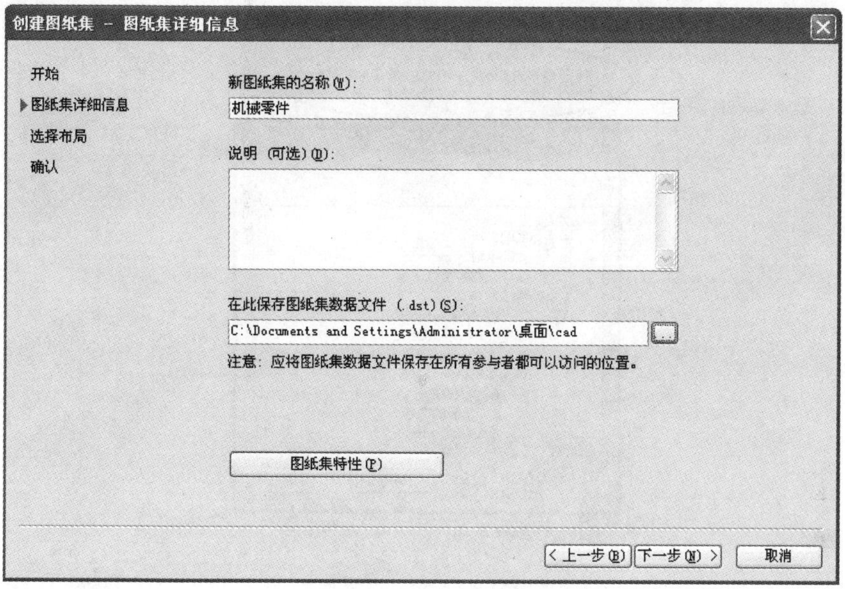

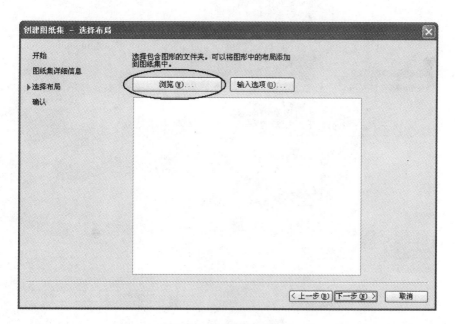

图 9-21 "图纸集详细信息"对话框

图 9-22 单击"浏览"按钮

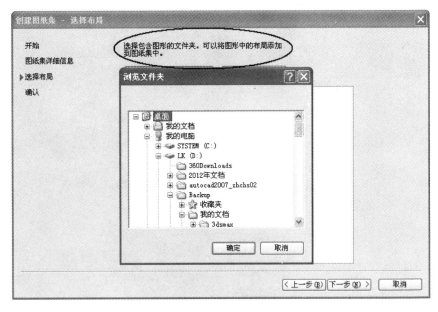

图 9-23　选择包含图形的文件夹

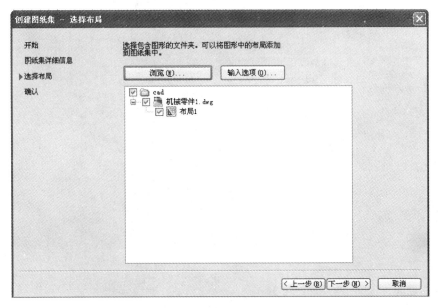

图 9-24　图形的布局添加到图纸集

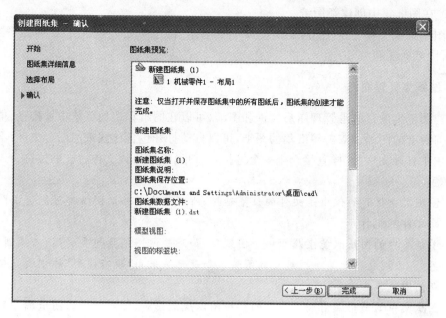

图 9-25　确认图纸集信息

2．图纸集管理器

图纸集管理器主要用于组织、显示和管理图纸集，并且图纸集中的每张图纸都与图形文件中的一个布局相对应，这对于组图、套图非常有用。

图纸集管理器包含 3 个选项卡，如图 9-26 所示，每个选项卡的名称及功能对应如下。

（1）"图纸列表"选项卡：显示按顺序排列的图纸列表，可以将这些图纸组织到用户创建的名为"子集"的标题下。

（2）"图纸视图"选项卡：显示当前图纸集使用的、按顺序排列的视图列表，可以将这些视图组织到用户创建的名为"类别"的标题下。

（3）"模型视图"选项卡：显示可用于当前图纸集的文件夹、图形文件以及模型空间视图的列表，可以添加和删除文件夹位置，以控制图形文件与当前图纸集相关联。

图 9-26　图纸集管理器

3．为图纸集添加图纸

（1）将现有的图纸布局导入到图纸集中

在图纸集或子集名上右击，在快捷菜单中选择"将布局作为图纸输入"选项，出现"按图纸输入布局"对话框，选择图纸。

（2）在图纸集中创建新图纸

在图纸集或子集名上右击，在快捷菜单中选择"新建图纸"选项，出现"新建图纸"对话框，输入图纸标题和编号。

4. 图纸集管理图纸

创建图纸集的目的是管理图形文件和图纸，可以在图纸集快捷菜单中重排序、重命名和删除任何现有的图纸。双击图纸集的图纸，可以自动打开包含该图纸的图形文件，不用再从文件菜单中打开文件，这样直接产生一个链接，用户无须知道该文件所在的位置。

注意：

- 图纸集中保存的仅仅是文件的位置链接，所以删除或移动图纸都可能造成图纸集中的文件不能打开。
- 图纸集中的图纸只能隶属于一个图纸集，如果其他图纸集想要引用，必须创建副本；另外，已经隶属于某个图纸集的图纸布局是无法采用"现有图形"的方法直接创建到新的图纸集中的。
- 图纸集中的图形最好指定专门的样板图以规范图纸，标题栏中的图纸编号和标题可以采用字段的方式直接引用图纸集中的内容。
- 多个设计人员可以同时访问一个图纸集，但是同时只允许一个用户能够编辑同一图纸，因此尽量避免在一个图形文件中创建多个布局。
- 尽量将同类的图纸归类到几个文件夹中，简化图纸集的管理，合理的命名文件夹还便于直接生成图纸集的组织结构。

9.4　本　章　小　结

本章系统地讲述了 AutoCAD 图纸从模型空间和图纸空间打印输出的方法以及图纸集的创建。通过本章的学习，读者应掌握利用图纸空间输出图形的方法，能够根据需要创建适合自己要求的布局，并且创建图纸集，以便轻松打印和发布图纸。

9.5　复习思考题

1. 如何切换模型空间与布局？
2. 从模型空间输出曲线与从布局输出曲线的区别？
3. 绘制图形，设置页面设置管理器，A4 纸从模型空间输出，预览效果如图 9-27 所示。
4. 绘制第 6 章的图 6-26，插入 A3 图框，从布局空间以 1：50 比例输出，预览效果如图 9-28 所示。
5. 绘制图形，设置页面设置管理器，插入 A3 图框从图纸空间输出，预览效果如图 9-29 所示。

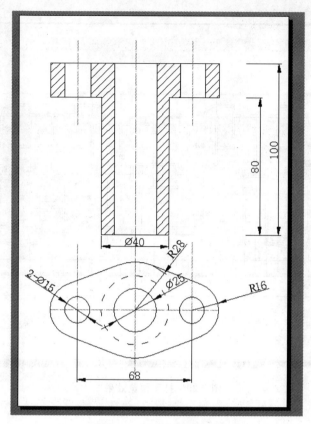

图 9-27　打印预览效果 1

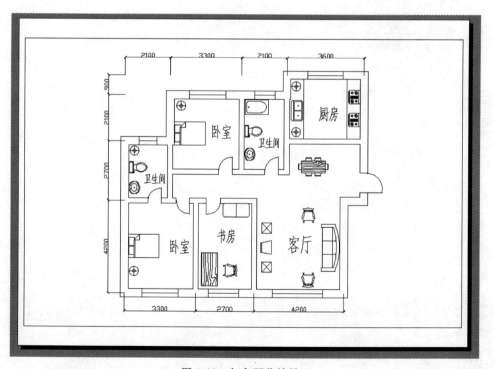

图 9-28　打印预览效果 2

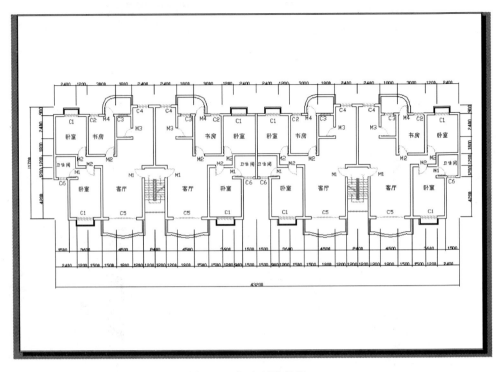

图 9-29　打印预览效果 3

第10章　三维绘图

教学目标：

　　本章重点讲解三维图形、三维曲面和三维实体的绘制方法和技巧，并详细介绍三维实体的渲染。通过本章的学习，读者能够熟悉三维工具栏的使用，掌握三维图形、三维实体的绘制和编辑方法以及如何利用三维视觉样式和渲染表现三维对象自身的材质属性、光照效果等，从而获得更加形象逼真的图像效果。

10.1　三维绘图基础

　　在三维图形的绘制中，为了方便用户从不同的角度观看三维图形，本节介绍了用户坐标系、视点、视口、消隐等工具，使用户能够更好地了解三维模型的真实形状。

1．三维工作界面

　　在前面章节的学习中，用户所做的操作基本上都是在 AutoCAD 经典工作界面（即通常说的二维工作界面）中实现的，在经典工作界面中启动常用的几个三维工具栏，也可以实现三维图形的绘制。此外，这一节还将介绍 AutoCAD 2011 提供的三维工作界面，来完成三维绘图。

　　启动三维工作界面的方法：在启动 AutoCAD 2011 之后，在"工作空间"工具栏（图 10-1）中选择"三维建模"选项，即可显示三维建模工作界面（图 10-2）。

　　通过观察三维工作界面，可以看出三维工作界面改变了经典工作界面的样式，呈现三维绘图的工具栏，原菜单的选项被"常用"、"实体"、"曲面"、"网格"、"渲染"、"插入"、"注释"、"视图"、"管理"、"输出"等工具栏所取代，此外还新增了"材质"工具栏。

图 10-1　"工作空间"工具栏

2．用户坐标系

　　在 AutoCAD 中，通常提供了一个固定坐标系，即世界坐标系（World Coordinate System，WCS），世界坐标系也叫做通用坐标系或绝对坐标系，其原点以及各坐标轴的方向是固定不变的。对于二维图形的绘制来说，世界坐标系已足够满足要求。

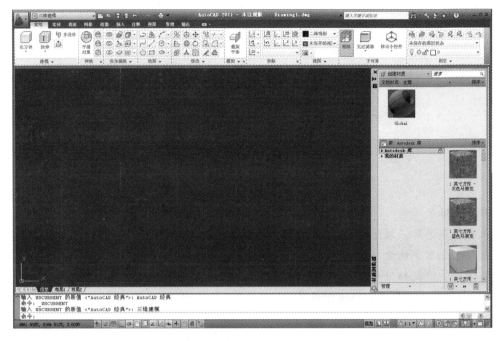

图 10-2　三维建模工作界面

然而在三维绘图的过程中，为了方便用户的绘制，AutoCAD 允许用户定义自己的坐标系，即用户坐标系（User Coordinate System，UCS）。用户用于定义 UCS 的命令是 UCS，或者可以利用菜单中的"工具"下拉菜单中的"新建 UCS"命令，方便地定义和管理 UCS。下面再介绍几种定义 UCS 的常用方法。

（1）通过三点创建 UCS。

通过三点创建 UCS，指的是通过 UCS 的新原点、UCS 的 X 轴和 Y 轴正方向上的任意点来创建新的 UCS。

如图 10-3 所示，完成新的 UCS 的创建。

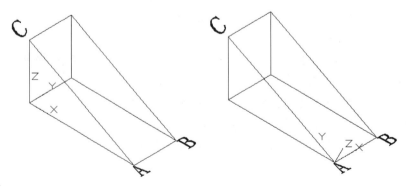

图 10-3　原有 UCS 定义为新 UCS

具体操作如下：

① 选择"工具"→"新建 UCS"→"三点"命令。

② 在命令行窗口中提示信息如下。

指定新原点<0,0,0>:   //捕捉 A 点

在正 X 轴范围上指定点: //捕捉 B 点

在 UCS XY 平面的正 Y 轴范围上指定点: //捕捉 C 点

（2）改变原坐标系的原点位置创建 UCS。

这种通过改变原坐标系原点位置的方法创建的 UCS,只是原点的位置有变化,新 UCS 各坐标轴的方向不改变,与原坐标轴方向保持一致。

例如,利用上一个三点创建的 UCS,在此基础上改变它的原点,建立新的 UCS 如图 10-4 所示。

具体操作如下。

① 选择"工具"→"新建 UCS"→"原点"命令。

② 在命令行窗口中提示信息如下。

指定新原点<0,0,0>:   //捕捉 C 点作为新原点

（3）旋转原坐标系创建 UCS。

将原坐标系绕某一坐标轴旋转一定的角度创建 UCS。

① 选择"工具"→"新建 UCS"→"X(或 Y、Z)"命令。

② 在命令行窗口中提示信息如下。

指定绕 Z 轴的旋转角度: -90   //旋转方向符合右手规则

结果如图 10-5 所示。

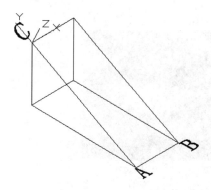
图 10-4 改变原点创建新 UCS

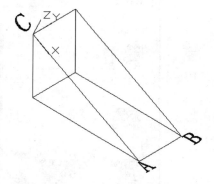
图 10-5 旋转创建 UCS

（4）返回到上一个 UCS。选择"工具"→"新建 UCS"→"上一个"命令,可以返回到前一个 UCS 设置。

（5）恢复为 WCS。选择"工具"→"新建 UCS"→"世界",恢复为世界坐标系。

3．三维观察

在三维绘制的过程中,用户经常需要从各种不同的角度来观察图形,使用视口、视点和消隐等能够更好地实现三维图形的观察。

（1）视点

在 AutoCAD 中,通过指定视点来确定三维图形的观察方向,其中指定的点与坐标原点

连线的方向即为观察方向,并且在屏幕上会显示沿此方向的图形投影。如图 10-6 所示,可见从不同视点观察下的效果。

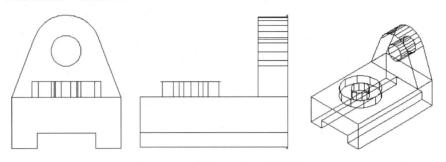

图 10-6　不同视点观察到的图形

（2）视口

在绘制三维图形的过程中,用户经常需要在各种角度的视图之间进行切换,如果想要同时查看多个视图效果,使用视口命令就能实现。它将图形区域拆分为多个单独的视图区域,可以实现多窗口、多角度地观察图形。

启动视口的方法有两种。

① 选择"视图"→"视口"→"新建视口"命令,弹出视口对话框如图 10-7 所示。

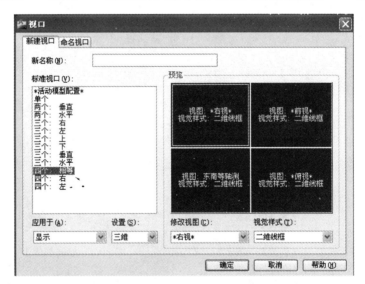

图 10-7　"视口"对话框

选择其中的"四个:相等"选项,单击"确定"按钮后,绘图区域被分成四个等分的窗口,分别会显示"右视"、"前视"、"东南等轴测视"和"俯视"效果图,如图 10-8 所示。

② 选择"工具"→"工具栏"→AutoCAD→"视口"命令,启动"视口"工具栏(图 10-9),同样可以实现多视口的设置。

多窗口视图的主要目的是为了能从不同的角度观察图形,改变视角,除了 4 个视口的设置之外,还可以设置两个视口或三个视口,其中的视图方式也可改变。但在实际绘图中,并不需要划分太多的视图区,同样用户也可将划分的区域合并,选择"视图"→"视口"→"合并"

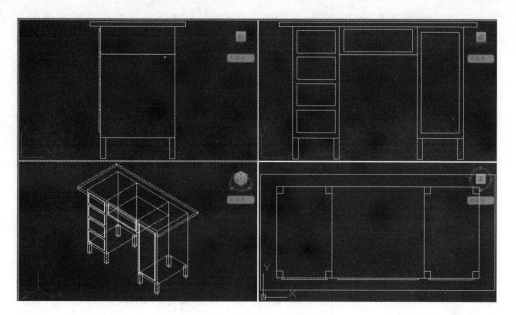

图 10-8 多视点的三维效果图

命令,根据提示选择要合并的窗口即可。

（3）消隐

消隐是指不显示表面模型或实体模型中的隐藏线,从而

图 10-9 "视口"工具栏

获得更加真实的三维效果。选择"视图"→"消隐"命令,或者在命令行窗口中输入"HIDE",都可以实现消隐效果。图 10-10 所示为图形消隐前后的效果。

说明:

① 系统变量 ISOLINES 是用来控制实体对象上每个面的轮廓线的数目,其有效值为 0～2047 之间的整数值,默认值为 4。上图消隐前的显示效果即为系统变量 ISOLINES 为 4 的效果,若要改变其设置值为 20（图 10-11）,则可选择"视图"→"重生成"命令重新生成图形。

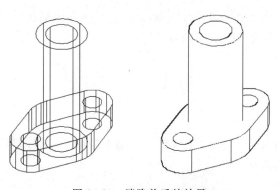

图 10-10 消隐前后的效果

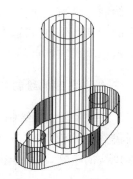

图 10-11 ISOLINES＝20

② 系统变量 FACETRES 控制消隐、渲染对象的平滑度,其有效值为 0.01～10.0,默认值为 0.5。如将其设为 5,执行"消隐"命令后得到图 10-12 所示的效果。

③ 系统变量 DISPSILH 是控制线框模式下实体对象轮廓曲线的显示,并控制实体对象

消隐时是否绘制网格,其允许值为 0 或 1,默认设置为 0。如果改变设置为 1,则呈现图 10-13 所示的效果。

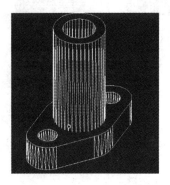

图 10-12　FACETRES＝5

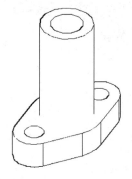

图 10-13　DISPSILH＝1

（4）动态观察

动态观察是一种对整个图形进行 360°全方位的动态操作。选择"工具"→"工具栏"→AutoCAD→"动态观察"命令,启动"动态观察"工具栏。选择"自由动态观察"按钮 ⬭ ,绘图区将出现一个绿色大圆,它被 4 个小圆分成 4 个象限,用鼠标分别拖动 4 个小圆,可以看到图形随鼠标在三维空间中旋转,用户能够直观、多角度、动态地观察三维对象。

10.2　简单三维图形的绘制

简单三维图形指的是位于三维空间的点、线段、射线、构造线、三维多段线以及三维样条曲线等,这些三维图形的绘制本身与二维图形的绘制类似,唯一的区别就是在提示确定点的位置时,通常应确定位于三维空间的点的位置。

1.三维点的绘制

在绘制三维图形时,常需要确定位于三维空间位置的点,除了可以用对象捕捉的方式确定已有的特殊点外,还可以利用坐标来确定三维空间的点,它的命令是 POINT,在命令行窗口的提示中输入三维点的坐标值。

2.三维多段线的绘制与编辑

（1）三维多段线的绘制

通过选择"绘图"→"三维多段线"命令或者在命令行窗口中输入"3DPOLY",即可启动三维多段线的绘制,在命令行窗口中提示如下。

```
指定多段线的起点:　　　　　　　//指定起始点位置
指定直线的端点或[放弃(U)]:　　//指定多段线的下一个端点位置
指定直线的端点或[放弃(U)]:　　//指定多段线的下一个端点位置
指定直线的端点或[闭合(C)/放弃(U)]:
```

接下来用户可以继续指点多段线的端点位置,也可以通过"闭合"选项封闭三维多段线或者选择"放弃"选项放弃上次的操作,最后还可以按 Enter 键结束三维多段线的绘制。

从"三维多段线"命令执行的过程可以看出,与二维多段线不同的是,三维多段线不能设置线宽等参数,也不能绘制圆弧段。

（2）三维多段线的编辑

三维多段线的编辑命令与二维多段线编辑命令相同,都是执行 PEDIT 命令,在命令行窗口中会提示如下。

```
选择多段线或[多条(M)]:         //选择三维多段线
输入选项[闭合(C)/编辑顶点(E)/样条曲线(S)/非曲线化(D)/放弃(U)]:
```

其中,参数的含义与二维多段线的编辑参数相同,"闭合"选项用于封闭三维多段线,若三维多段线是闭合的,则该项会显示"打开(O)"。"编辑顶点"选项用于编辑三维多段线的顶点,"样条曲线"选项用于对三维多段线进行样条曲线拟合,"非曲线化"选项用于反拟合,"放弃"选项则用于放弃上次的操作。

3. 三维样条曲线的绘制与编辑

（1）三维样条曲线的绘制

三维样条曲线的绘制与二维样条曲线的相同,都使用 SPLINE 命令,执行 SPLINE 命令,命令行窗口中提示如下。

```
指定第一个点或[方式(M)/节点(K)/对象(O)]://指定样条曲线的第一个点
输入下一个点或[起点切向(T)/公差(L)]:         //指定第二个点
输入下一个点或[端点相切(T)/公差(L)/放弃(U)/闭合(C)]:
```

从命令运行过程可以看出,直接选择三维空间的点或者输入三维点的坐标即可完成三维样条曲线的绘制,其中可以指定相切、公差等参数,实现特定样条曲线的绘制。

（2）三维样条曲线的编辑

编辑三维样条曲线,使用的是 SPLINEDIT 命令,按照参数进行设置即可。

4. 其他三维图形的绘制

（1）在三维空间绘制二维图形

在三维图形的绘制过程中,经常需要在三维空间绘制二维图形,如线段、构造线、圆、圆弧、多边形等,其绘制方法与在二维空间绘制图形的操作基本相同,只需用户将界面切换到相应的平面视图中完成。

（2）螺旋线的绘制

① 绘制螺旋线方法有 3 种。

a. 选择"绘图"→"螺旋"命令。

b. 在命令行窗口中输入"HELIX"。

c. 选择"工具"→"工具栏"→"AutoCAD"下拉菜单中的"建模"命令,打开建模工具栏,选择其中的 📶 工具。

② 主要参数说明如下。

a. 指定螺旋高度:输入螺旋线的高度值或者选择指定的三维点确定螺旋线的高度。

b. 轴端点：确定螺旋线轴的另一个端点位置。

c. 圈数：设置螺旋线的圈数，默认值为3，最大值是500。

d. 圈高：指定螺旋线一圈的高度，即螺旋线旋转一圈后，沿轴线方向移动的距离。

e. 扭曲：确定螺旋线的旋转方向，其中顺时针（CW）、逆时针（CCW），默认是CCW。

【例10-1】 绘制底面半径为80，顶面半径为60，圈高为15，螺旋线高度为120的螺旋线（图10-14）。

具体操作如下。

选择"绘图"→"螺旋"命令或者在命令行中输入"HELIX"，命令行窗口中提示如下。

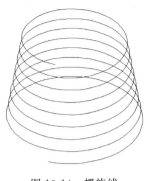

图10-14　螺旋线

```
圈数 = 3.0000    扭曲 = CCW              //当前螺旋线的圈数和旋转方向
指定底面的中心点: 0,0                    //指定螺旋线底面的中心点
指定底面半径或[直径(D)]: 80             //指定螺旋线底面半径或直径
指定顶面半径或[直径(D)]<80.0000>: 60    //指定螺旋线顶面半径或直径
指定螺旋高度或[轴端点(A)/圈数(T)/圈高(H)/扭曲(W)]: H
指定圈间距: 15                                   //确定螺旋线的圈高
指定螺旋高度或[轴端点(A)/圈数(T)/圈高(H)/扭曲(W)]: 120    //确定螺旋线的高度
                                                 //然后按 Enter 键完成设置
```

10.3　三维曲面的创建

在 AutoCAD 中，用户不仅可以创建长方体表面、棱锥面、楔体表面、球面、圆锥面、圆柱面和圆环面等基本的三维曲面，还可以通过"旋转曲面"、"平移曲面"、"直纹曲面"和"边界曲面"等命令创建更为复杂的曲面模型。

1. 基本三维曲面

在绘制基本三维曲面时，首先需要选择"工具"→"工具栏"→"AutoCAD"下拉菜单中的"平滑网格图元"命令，打开"平滑网格图元"工具栏（图10-15），或者直接选择"绘图"→"建模"→"网格"→"图元"下拉列表中要绘制的曲面。

图10-15　"平滑网格图元"工具栏

（1）长方体表面

单击平滑曲面图元工具栏中的  按钮，命令行窗口中提示如下。

```
指定第一个角点或[中心(C)]:              //确定长方体的一个端点
指定其他角点或[立方体(C)/长度(L)]:      //确定长方体另一个端点
```

其中，"立方体"选项可绘制指定高度的立方体面，"长度"选项可绘制确定长、宽、高的长方体面。

注意：长方体表面的长、宽、高分别沿着当前 UCS 的 X、Y、Z 轴的正方向，且不能为负值；而绕 Z 轴旋转的角度可正可负，其转向符合右手规则。

（2）圆锥面

单击平滑曲面图元工具栏中的 按钮，命令行窗口中提示如下。

指定底面的中心点或[三点(3P)/两点(2P)/切点、切点、半径(T)/椭圆(E)]:
　　　　　　　　　　　　　　　　　　//确定圆锥面底面中心点的位置

指定底面半径或[直径(D)]:　　　　　　//确定圆锥面底面的半径或直径
指定高度或[两点(2P)/轴端点(A)/顶面半径(T)]:　//确定圆锥面的高度

如果指定"顶面半径"参数，则可绘制出圆台面。

（3）圆柱面

单击平滑曲面图元工具栏中的 按钮，命令行窗口中提示如下。

指定底面的中心点或[三点(3P)/两点(2P)/切点、切点、半径(T)/椭圆(E)]:　//确定圆柱面底面
　　　　　　　　　　　　　　　　　　　　　　//中心点的位置

指定底面半径或[直径(D)]:　　　　　　//确定圆柱面底面的半径或直径
指定高度或[两点(2P)/轴端点(A)]:　　　//确定圆柱面的高度

（4）棱锥面

单击平滑曲面图元工具栏中的 按钮，命令行窗口中提示如下。

指定底面的中心点或[边(E)/侧面(S)]:　　//确定棱锥面底面中心点
指定底面半径或[内接(I)]:　　　　　　//指定棱锥面底面半径
指定高度或[两点(2P)/轴端点(A)/顶面半径(T)]:　//确定棱锥面的高度

其中，参数"边"可设置棱锥面底面的边数，默认是四边；如果设置为"顶面半径"，则可绘制出棱台面。

（5）球面

单击平滑曲面图元工具栏中的 按钮，命令行窗口中提示如下。

指定中心点或[三点(3P)/两点(2P)/切点、切点、半径(T)]:　//确定球面的中心点
指定半径或[直径(D)]:　　　　　　　//确定球面半径或直径

（6）楔体表面

单击平滑曲面图元工具栏中的 按钮，命令行窗口中提示如下。

指定第一个角点或[中心(C)]:　　　　　//确定楔体表面第一个角点
指定其他角点或[立方体(C)/长度(L)]:　　//确定第二个角点
指定高度或[两点(2P)]:　　　　　　//确定楔体表面的高度

其中，参数"中心"可指定楔体表面的中心点，"长度"选项可绘制指定尺寸的楔体表面。

注意：楔体表面的长、宽、高分别沿着当前 UCS 的 X、Y、Z 轴的正方向，且不能为负值；绕 Z 轴的旋转角度可正可负，其转向符合右手规则。

（7）圆环面

单击平滑曲面图元工具栏中的 按钮，命令行窗口中提示如下。

指定中心点或[三点(3P)/两点(2P)/切点、切点、半径(T)]:　//确定圆环面的中心点
指定半径或[直径(D)]:　　　　　　　//确定圆环面的半径或直径
指定圆管半径或[两点(2P)/直径(D)]:　　//确定圆环管的半径或直径

（8）三维面

选择"绘图"→"建模"→"网格"→"三维面"，命令行窗口中提示如下。

指定第一点或[不可见(I)]:	//确定三维面第一点
指定第二点或[不可见(I)]:	//确定三维面第二点
指定第三点或[不可见(I)]:	//确定三维面第三点
指定第四点或[不可见(I)]:	//确定三维面第四点

（9）平面曲面

单击建模工具栏中的 按钮，或者选择"绘图"→"建模"→"曲面"→"平面"命令，命令行窗口中提示如下。

指定第一个角点或[对象(O)]:	//确定平面第一个角点
指定其他角点:	//确定平面其他角点

2. 旋转曲面

旋转曲面是指将曲线绕旋转轴旋转一定的角度而形成的网格面。在命令行窗口中输入"REVSURF"，或者选择菜单"绘图"→"建模"→"网格"→"旋转网格"命令，即可绘制旋转曲面。

【例 10-2】 绘制亭子顶，如图 10-16 所示。

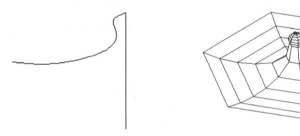

图 10-16　旋转曲面

具体操作如下。

选择"绘图"→"建模"→"网格"→"旋转网格"命令，命令行窗口中提示如下。

选择要旋转的对象:	//选择要旋转的对象
选择定义旋转轴的对象:	//选择旋转轴
指定起点角度<0>:	//确定旋转的起始角度
指定包含角(+ = 逆时针, - = 顺时针)<360>:	//确定旋转包含的角度

注意：

- 旋转对象可以是直线、圆弧、圆、样条曲线、二维多段线以及三维多段线等，旋转轴可以是直线、二维多段线和三维多段线等，若以多段线作为旋转轴，则以其首尾端点的连线作为旋转轴。
- 当定义旋转轴时，在旋转轴上拾取点的位置将影响旋转对象的旋转方向，该旋转方向遵循右手原则。
- 在创建旋转曲面时，旋转方向的网格线数由系统变量 SURFTAB1 确定，旋转轴上的网格线数由系统变量 SURFTAB2 确定，系统默认的值都是 6。

3．平移曲面

平移曲面是指将曲线沿方向矢量平移后形成的网格面。在命令行窗口中输入"TABSURF"，或者选择"绘图"→"建模"→"网格"→"平移网格"，即可实现平移曲面的绘制。

【例 10-3】 绘制楼梯，如图 10-17 所示。

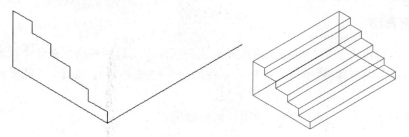

图 10-17 平移曲面

具体操作如下。

选择"绘图"→"建模"→"网格"→"平移网格"命令，命令行窗口中提示如下。

```
选择用作轮廓曲线的对象：              //选择轮廓曲线
选择用作方向矢量的对象：              //选择对应的方向矢量
```

注意：

- 轮廓曲线对象可以是直线、圆弧、圆、样条曲线、二维多段线以及三维多段线等，方向矢量可以是直线、非封闭的二维多段线和三维多段线等。
- 系统将沿方向矢量对象上远离拾取点的端点方向创建平移曲面。
- 平移曲面的网格线数由系统变量 SURFTAB1 确定。

4．直纹曲面

直纹曲面是指在两条曲线之间形成的网格面。在命令行窗口中输入"RULESURF"，或者选择"绘图"→"建模"→"网格"→"直纹网格"命令，即可绘制直纹曲面。

【例 10-4】 绘制图 10-18 所示的直纹曲面效果。

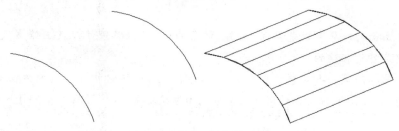

图 10-18 直纹曲面

具体操作如下。

选择"绘图"→"建模"→"网格"→"直纹网格"命令，命令行窗口中提示如下。

```
选择第一条定义曲线：              //选择第一条曲线
选择第二条定义曲线：              //选择第二条曲线
```

注意：

- 直纹曲面的曲线可以是直线、点、圆弧、圆、样条曲线以及二维多段线等。
- 若一条曲线是封闭的，则另一条曲线也必须是封闭的或者是一个点。
- 如果曲线非闭合，那么直纹曲线总是从曲线上拾取点最近的一端开始绘制。
- 直纹曲线沿已有曲线方向的网格线数由系统变量 SURFTAB1 确定。

5．边界曲面

边界曲面是指由 4 条首尾相接的边界形成的三维多边形网格面。在命令行窗口中输入"EDGESURF"，或者选择"绘图"→"建模"→"网格"→"边界网格"命令，即可实现直纹曲面的绘制。

【例 10-5】 绘制图 10-19 所示的边界曲面效果。

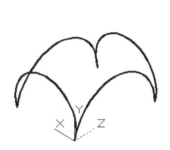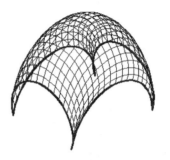

图 10-19　边界曲面

具体操作如下。

选择"绘图"→"建模"→"网格"→"边界网格"命令，命令行窗口中提示如下。

选择用作曲面边界的对象 1：
选择用作曲面边界的对象 2：
选择用作曲面边界的对象 3：
选择用作曲面边界的对象 4：

用户依次选择边界对象后，即可创建出边界曲面。

注意：

- 边界曲面的对象可以是直线、圆弧、样条曲线、二维多段线以及三维多段线等，而且必须是首尾相接的。
- 用户选择的第一个对象的方向为曲面的 M 方向，与它相邻的边的方向为曲面的 N 方向，M 方向和 N 方向的网格线数分别由系统变量 SURFTAB1 和 SURFTAB2 确定。

10.4　三维实体造型

三维实体指的是具有质量、体积、重心、惯性矩和回转半径等体特征的三维对象，在 AutoCAD 中，用户不仅可以绘制长方体、球体、柱体和锥体等基本的三维实体外，还可以通过拉伸、旋转、放样等方式创建更为复杂的三维实体模型。

1. 长方体

绘制长方体的命令是 BOX，也可以选择"绘图"→"建模"→"长方体"命令，或者选择"工具"→"工具栏"→AutoCAD 下拉菜单中的"建模"命令，打开"建模"工具栏，选择 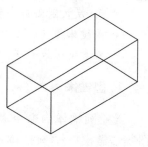 工具。

【例 10-6】 绘制长、宽、高分别为 200、100 和 80 的长方体，如图 10-20 所示。

具体操作如下。

选择"绘图"→"建模"→"长方体"命令，或者选择 ▢ 工具，命令行窗口中提示如下。

图 10-20 长方体

```
指定第一个角点或[中心(C)]:                    //确定长方体的一个角点
指定其他角点或[立方体(C)/长度(L)]: L          //确定长方体的尺寸
指定长度: 200                                 //确定长方体的长
指定宽度: 100                                 //确定长方体的宽
指定高度或[两点(2P)]: 80                      //确定长方体的高,回车绘制完成
```

注意：

- 在使用 BOX 命令绘制长方体时，长方体的长、宽、高方向与当前 UCS 的 X、Y、Z 轴方向是平行的。
- 在指定长方体的长、宽、高时，输入的数值可正、可负，正值表示沿着相应坐标轴的正向，反之则沿着坐标轴的负向。
- 在长方体绘制的过程中，用户还可以指定长方体的中心点，或者选择"立方体"选项绘制正方体。

2. 楔体

绘制楔体的命令是 WEDGE，也可以选择"绘图"→"建模"→"楔体"命令，或者选择"工具"→"工具栏"→"AutoCAD"下拉菜单中的"建模"命令，打开"建模"工具栏，选择 ▢ 工具。

【例 10-7】 绘制长为 200，宽为 150，高为 80 的楔体，如图 10-21 所示。

具体操作如下。

选择"绘图"→"建模"→"楔体"命令，或者选择 ◺ 工具，命令行窗口中提示如下。

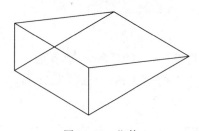

图 10-21 楔体

```
指定第一个角点或[中心(C)]:                    //确定楔体的一个角点
指定其他角点或[立方体(C)/长度(L)]: L          //确定楔体的尺寸
指定长度: 200                                 //确定楔体的长
指定宽度: 150                                 //确定楔体的宽
指定高度或[两点(2P)]: 80                      //确定楔体的高,按 Enter 键绘制完成
```

注意：

- 在使用 WEDGE 命令绘制楔体时，楔体的长、宽、高方向与当前 UCS 的 X、Y、Z 轴方

向是平行的。

- 在指定楔体的长、宽、高时,输入的数值可正、可负,正值表示沿着相应坐标轴的正向,反之则沿着坐标轴的负向。
- 在楔体绘制的过程中,用户也可以指定楔体的中心点,或者选择"立方体"选项绘制各直角边均相等的楔体。

3.圆锥体

绘制圆锥体的命令是 CONE,也可以选择"绘图"→"建模"→"圆锥体"命令,或者选择菜单"工具"→"工具栏"→AutoCAD 下拉菜单中的"建模"命令,打开"建模"工具栏,选择 工具。

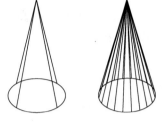

图 10-22　圆锥体(第一个 ISOLINES=4、第二个 ISOLINES=20)

【**例 10-8**】　绘制底面半径为 50,高为 200 的圆锥体,如图 10-22 所示。

具体操作如下。

选择"绘图"→"建模"→"圆锥体"命令,或者选择 工具,命令行窗口中提示如下。

指定底面的中心点或[三点(3P)/两点(2P)/切点、切点、半径(T)/椭圆(E)]:
　　　　　　　　　　　　　　　　　　　　　　　　//确定圆锥体底面的中心点
指定底面半径或[直径(D)]: 50　　　　　　　　　　//确定圆锥体底面半径或直径
指定高度或[两点(2P)/轴端点(A)/顶面半径(T)]: 200　//确定圆锥体的高,按 Enter 键完成绘制

注意:

- 在圆锥体的绘制中,如果圆锥体的底面是椭圆形的,此时用户需要选择"椭圆"选项,椭圆底面的绘制与二维中椭圆形的绘制方法相同。
- 使用 CONE 命令,除了可以绘制圆锥体外,设置"顶面半径"还可绘制圆台体。
- 圆锥体的轮廓线数由系统变量 ISOLINES 确定,通过调整线框密度,视觉效果上会更真实。

4.球体

绘制球体的命令是 SPHERE,也可以选择"绘图"→"建模"→"球体"命令,或者选择"工具"→"工具栏"→AutoCAD 下拉菜单中的"建模"命令,打开"建模"工具栏,选择 工具。

【**例 10-9**】　绘制半径为 120 的球体,如图 10-23 所示。

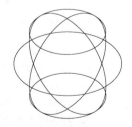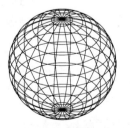

图 10-23　球体(第一个 ISOLINES=4、第二个 ISOLINES=20)

具体操作如下。

选择"绘图"→"建模"→"球体"命令,或者选择 ◎ 工具,命令行窗口中提示如下。

```
指定中心点或[三点(3P)/两点(2P)/切点、切点、半径(T)]:    //确定球体的中心点
指定半径或[直径(D)]: 120                              //确定球体的半径或直径
                                                     //按 Enter 键完成绘制
```

注意:球体的轮廓线数也由系统变量 ISOLINES 确定,通过调整线框密度,视觉效果上会更真实。

5. 圆柱体

绘制圆柱体的命令是 CYLINDER,也可以选择"绘图"→"建模"→"圆柱体"命令,或者选择菜单"工具"→"工具栏"→AutoCAD→"建模"命令,打开"建模"工具栏,选择 ▣ 工具。

【例 10-10】 绘制底面半径为 60,高为 120 的圆柱体,如图 10-24 所示。

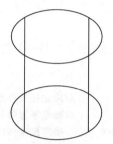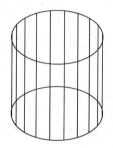

图 10-24 圆柱体(第一个 ISOLINES=4、第二个 ISOLINES=20)

具体操作如下。

选择"绘图"→"建模"→"圆柱体"命令,或者选择 ▣ 工具,命令行窗口中提示如下。

```
指定底面的中心点或[三点(3P)/两点(2P)/切点、切点、半径(T)/椭圆(E)]:
                                                //确定圆柱体底面的中心点
指定底面半径或[直径(D)]: 60                       //确定圆柱体底面半径或直径
指定高度或[两点(2P)/轴端点(A)]: 120              //确定圆柱体的高,按 Enter 键完成绘制
```

注意:

- 在圆柱体的绘制中,圆柱体的底面可通过选择"椭圆"选项实现绘制。
- 圆柱体的轮廓线数也由系统变量 ISOLINES 确定,通过调整线框密度,视觉效果上会更真实。

6. 圆环体

三维圆环体是一个环状的圆管,绘制圆环体的命令是 TORUS,也可以选择"绘图"→"建模"→"圆环体"命令,或者选择"工具"→"工具栏"→AutoCAD→"建模"命令,打开"建模"工具栏,选择 ◎ 工具。

【例 10-11】 绘制圆环半径为 150,圆管半径为 30 的圆环体,如图 10-25 所示。

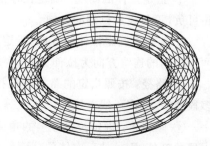

图 10-25 圆环体

具体操作如下。

选择"绘图"→"建模"→"圆环体"命令,或者选择 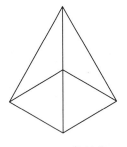 工具,命令行窗口中提示如下。

```
指定中心点或[三点(3P)/两点(2P)/切点、切点、半径(T)]:    //确定圆环体的中心点
指定半径或[直径(D)]:150                                //确定圆环体的半径
指定圆管半径或[两点(2P)/直径(D)]:30                    //确定圆管的半径或直径
                                                      //按 Enter 键完成绘制
```

7．棱锥体

绘制棱锥体的命令是 PYRAMID,也可以选择"绘图"→"建模"→
"棱锥体"命令,或者选择"工具"→"工具栏"→AutoCAD→"建模"命
令,打开"建模"工具栏,选择 ⬠ 工具。

【例 10-12】 绘制底面内切半径 80,高为 240 的棱锥体,如
图 10-26 所示。

具体操作如下。

选择"绘图"→"建模"→"棱锥体"命令,或者选择 ⬠ 工具,命令
行窗口中提示如下。

图 10-26　棱锥体

```
指定底面的中心点或[边(E)/侧面(S)]:                      //确定棱锥体底面中心点
指定底面半径或[内接(I)]:80                             //确定棱锥体底面内切半径
指定高度或[两点(2P)/轴端点(A)/顶面半径(T)]:240          //确定棱锥体的高,按 Enter 键完成绘制
```

注意：在使用 PYRAMID 命令绘制时,如果设置"顶面半径"选项,可绘制棱锥体。

8．通过二维对象生成三维实体

在 AutoCAD 中,用户除了可以创建基本的三维实体外,还可以通过对封闭二维对象的
拉伸、旋转、扫掠和放样等来创建三维实体。

（1）拉伸

拉伸是将二维封闭图形按照指定的高度或路径拉伸来生成三维实体的,其拉伸的对象
可以是二维封闭多段线、矩形、圆、椭圆、封闭的样条曲线以及面域等。

拉伸的命令是 EXTRUDE,或者可以选择"工具"→"工具栏"→AutoCAD 下拉菜单中
的"建模"命令,打开"建模"工具栏,选择 ⬚ 工具。

参数说明如下。

① 指定拉伸的高度：确定拉伸的高度,使拉伸对象按照该高度拉伸,拉伸的高度值可
正可负,正负表示拉伸的方向。

② 方向：确定拉伸的方向,指定方向的起点和端点,拉伸将以两点的距离为拉伸高度、
两点之间的连线方向为拉伸方向,生成实体。

③ 路径：按照指定的路径进行拉伸,其路径可以是直线、圆、圆弧、椭圆、椭圆弧、二维
多段线、三维多段线以及样条曲线等。

④ 倾斜角：确定拉伸倾斜的角度,默认的角度是 0°,是沿垂直方向实现拉伸效果的,若
设置角度值,则拉伸后实体的截面将按照角度产生变化。

【例 10-13】 绘制图 10-27 所示的齿轮。

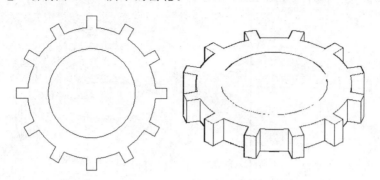

图 10-27 齿轮效果图

具体操作如下。

① 先绘制出齿轮的平面图,并将图形转换为面域。

② 选择 🔲 工具,命令行窗口中提示如下。

选择要拉伸的对象或[模式(MO)]:　　　　　　　　　　　　　//确定拉伸的对象
指定拉伸的高度或[方向(D)/路径(P)/倾斜角(T)/表达式(E)]: 10↙　　//确定拉伸的高度

【例 10-14】 绘制管道,如图 10-28 所示。

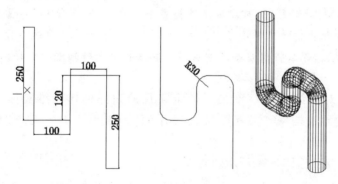

图 10-28 管道效果图

具体操作如下。

① 首先在俯视图中,绘制一个半径为 25 的圆。

② 切换到左视图,绘制指定尺寸的多段线,并将转折部分设置为圆角,圆角半径为 30。

③ 选择 🔲 工具,命令行窗口中提示如下。

选择要拉伸的对象或[模式(MO)]:　　　　　　　　　//确定拉伸的对象(圆)
指定拉伸的高度或[方向(D)/路径(P)/倾斜角(T)/表达式(E)]: P　//确定拉伸的路径(多段线)

（2）旋转

旋转指的是通过绕旋转轴旋转二维对象创建三维实体,用于旋转的二维对象可以是封闭的多段线、多边形、矩形、圆、椭圆、封闭的样条曲线以及圆环等。

旋转的命令是 REVOLVE,或者可以选择"工具"→"工具栏"→AutoCAD 下拉菜单中的"建模"命令,打开"建模"工具栏,选择 🔲 工具。

【例 10-15】 绘制零件,如图 10-29 所示。

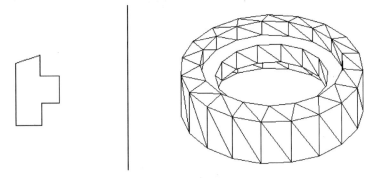

图 10-29 零件效果图

具体操作如下。

① 在前视图中,绘制零件的截面图和旋转轴。

② 选择 工具,命令行窗口中提示如下。

选择要旋转的对象或[模式(MO)]:   //确定旋转对象(多边形)
指定轴起点或根据以下选项之一定义轴[对象(O)/x/y/z]: //确定旋转轴(直线)
指定旋转角度或[起点角度(ST)/反转(R)/表达式(EX)]<360>: 360↙   //确定旋转的角度

注意:在选择旋转对象时,可以依次选择多个对象,同时实现旋转;默认的旋转角度为一圈 360°,也可以根据需要选择小于 360°的角度;如果选择的旋转轴不是直线或多段线的直线部分,而是圆弧,那么将以圆弧两端点的连接线作为旋转轴进行旋转。

(3)扫掠

扫掠是通过对二维封闭对象按照指定路径的扫掠创建三维实体。扫掠的命令是 SWEEP,也可选择"工具"→"工具栏"→AutoCAD→"建模"命令,打开"建模"工具栏,选择 工具。

【例 10-16】 绘制图 10-30 所示的软管。

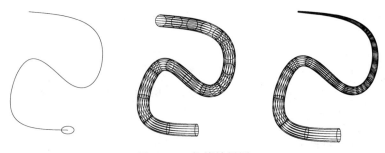

图 10-30 软管效果图

具体操作如下。

① 首先在俯视图中绘制半径为 5 的圆,再在西南等轴侧视图中,绘制三维样条曲线。

② 选择 工具,命令行窗口中提示如下。

选择要扫掠的对象或[模式(MO)]:   //确定扫掠对象(圆)
选择扫掠路径或[对齐(A)/基点(B)/比例(S)/扭曲(T)]: //确定扫掠的路径(三维样条曲线)

注意：在扫掠的过程中，扫掠对象默认的是垂直对齐于扫掠路径的，设置"比例"选项还可以实现从起点到终点按照指定比例均匀的放大或缩小，选择"扭曲"选项还可以指定扭曲的角度或倾斜。

（4）放样

放样是指通过一系列封闭曲线（也称为横截面轮廓）来创建三维实体。放样的命令是LOFT，或者选择"工具"→"工具栏"→AutoCAD→"建模"命令，打开"建模"工具栏，选择 ⬡ 工具。

【例10-17】 绘制图10-31所示的放样图。

具体操作如下。

① 首先在西南等轴侧视图中，绘制3个由大到小的圆，确保它们在3个不同的平面上，再绘制一条经过3个圆的圆心的三维样条曲线。

② 选择 ⬡ 工具，命令行窗口中提示如下。

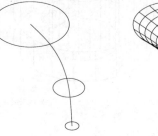

图10-31　放样效果图

```
按放样次序选择横截面或[点(PO)/合并多条边(J)/模式(MO)]：    //确定放样的横截面(3个圆)
输入选项[导向(G)/路径(P)/仅横截面(C)/设置(S)]：P↙        //确定放样的路径
选择路径轮廓：                                          //确定三维样条曲线为路径轮廓
```

10.5　三维实体编辑

在三维模型的绘制中，为了实现复杂模型的创建，经常需要用户使用并集、差集、交集的布尔运算对三维实体进行编辑，此外前面介绍过的许多二维图形的编辑工具（如旋转、镜像、阵列等），同样适用于三维实体的编辑。

1. 布尔运算

布尔运算中的并集、差集、交集操作，可以将简单的基本实体模型创建成更为复杂的三维实体模型。

（1）并集

并集是将两个或两个以上的实体组合成一个实体。并集的命令是UNION，或者选择"工具"→"工具栏"→AutoCAD→"建模"命令，打开"建模"工具栏，选择 ⊚ 工具，图10-32所示为经过并集运算的效果。

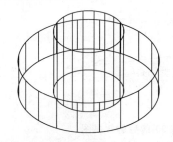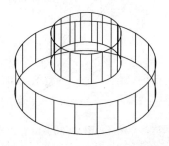

图10-32　并集运算前后效果图

（2）差集

差集是指从一些实体中减掉另一些实体，从而得到一个新的实体。差集的命令是SUBTRACT，或者选择"工具"→"工具栏"→AutoCAD→"建模"命令，打开"建模"工具栏，选择 ⊚ 工具，图10-33所示为经过差集运算的效果。

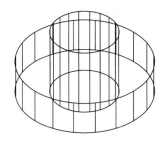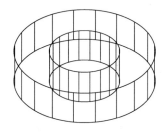

图10-33　差集运算前后效果图

（3）交集

交集是将两个或多个实体公共的部分保留下来，创建一个新的实体。交集的命令是INTERSECT，或者选择"工具"→"工具栏"→AutoCAD→"建模"命令，打开"建模"工具栏，选择 ⊚ 工具，图10-34所示为经过交集运算的效果。

图10-34　交集运算前后效果图

2．三维旋转

三维旋转是将选定的三维对象绕空间轴旋转指定的角度。三维旋转的命令是3DROTATE，或者选择"工具"→"工具栏"→AutoCAD→"建模"命令，打开"建模"工具栏，选择 ⊛ 工具。

【例10-18】　完成图10-35所示的三维旋转。

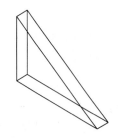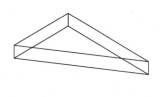

图10-35　沿着Y轴三维旋转90°前后的效果图

具体操作如下。

(1) 首先绘制如图 10-35 所示的实体。

(2) 选择 ⊕ 工具,命令行窗口中提示如下。

选择对象:	//确定要旋转的实体
指定基点:	//确定旋转基点(以实体左下角的点为基点)
拾取旋转轴:	//确定旋转轴(选择 Y 轴)
指定角的起点或键入角度:90	//确定旋转角度

3. 三维阵列

三维阵列是将指定对象在三维空间中实现阵列。三维阵列的命令是 3DARRAY,或者选择“工具”→“工具栏”→AutoCAD→“建模”命令,打开“建模”工具栏,选择 ⊞ 工具。

执行 3DARRAY 命令,命令行窗口中提示如下。

选择对象:	//确定阵列的对象
输入阵列类型[矩形(R)/环形(P)]:	//确定阵列的类型

(1) 矩形阵列

输入行数(－－－)<1>:	//确定阵列的行数
输入列数(‖‖)<1>:	//确定阵列的列数
输入层数(…)<1>:	//确定阵列的层数
指定行间距(－－－):	//确定行间距
指定列间距(‖‖):	//确定列间距
指定层间距(…):	//确定层间距

注意:在矩形阵列中,沿行、列和层方向的阵列分别沿着当前 UCS 的 X、Y、Z 轴方向,输入的间距值可正可负,正值表示沿着对应坐标轴的正向阵列,否则沿负向阵列。

(2) 环形阵列

输入阵列中的项目数目:	//确定阵列的项目个数
指定要填充的角度(＋ = 逆时针,－ = 顺时针)<360>:	//确定环形阵列的填充角度
旋转阵列对象?[是(Y)/否(N)]<Y>:	//确定阵列中对象是否发生相应角度的旋转
指定阵列的中心点:	//确定阵列中心点
指定旋转轴上的第二点:	//确定阵列旋转轴上的另一点

注意:环形阵列默认填充角度一圈 360°,若设置不同的角度,则环形阵列的阵列方向符合右手原则。

4. 三维镜像

三维镜像是将选定的对象在三维空间相对于某一平面进行镜。三维镜像的命令是 MIRROR3D,或者选择“修改”→“三维操作”→“三维镜像”命令。

执行 MIRROR3D 命令,命令行窗口中提示如下。

选择对象:	//确定镜像对象
指定镜像平面(三点)的第一个点或[对象(O)/最近的(L)/Z轴(Z)/视图(V)/XY平面(XY)/YZ平面(YZ)/ZX平面(ZX)/三点(3)]<三点>:	//确定镜像平面,用户可根据需要选择合适的参数,默认 //是三点确定的平面,确定镜像面上第一点

在镜像平面上指定第二点：   //确定镜像面上第二点
在镜像平面上指定第三点：   //确定镜像面上第三点
是否删除源对象?[是(Y)/否(N)]<否>：   //镜像后是否删除源对象

5. 倒角

对三维实体进行倒角的设置,可以切去实体的外角(凸边)或者填充实体的内角(凹边)。三维中倒角的命令与二维倒角的命令相同,是 CHAMFER,或者选择"修改"→"倒角"命令。

【例 10-19】 给零件的右端面创建倒角,两倒角的距离均为 2,如图 10-36 所示。

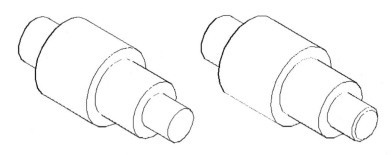

图 10-36 倒角效果图

具体操作如下。
选择"修改"→"倒角"命令,命令行窗口中提示如下。

选择第一条直线或[放弃(U)/多段线(P)/距离(D)/角度(A)/修剪(T)/方式(E)/多个(M)]：
                                    //确定一条倒角棱边

基面选择…
指定 基面 倒角距离或[表达式(E)]：2   //确定倒角的第一个距离
指定 其他曲面 倒角距离或[表达式(E)]<2.0000>：2 //确定倒角的第二个距离
选择边或[环(L)]：   //确定另一条倒角棱边
选择边或[环(L)]：   //右键确认

6. 圆角

对三维实体进行圆角设置,可以对三维实体的凸边或凹边切出或添加圆角。三维中圆角的命令也与二维圆角的命令相同,是 FILLET,或者选择"修改"→"圆角"命令。

【例 10-20】 绘制图 10-37 所示的圆角效果,其中圆角半径均为 2。

具体操作如下。

选择"修改"→"圆角"命令,命令行窗口中提示如下。

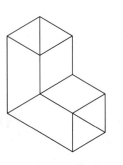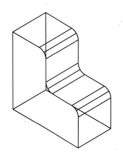

图 10-37 圆角效果图

选择第一个对象或[放弃(U)/多段线(P)/半径(R)/修剪(T)/多个(M)]：
                                   //确定要设置圆角的对象

输入圆角半径或[表达式(E)]: 2↙   //确定圆角半径
选择边或[链(C)/半径(R)]:   //确定圆角的边,右键确认

7．剖切

剖切是指用指定的面剖切一组实体。剖切的命令是 SLICE,也可选择"修改"→"三维操作"→"剖切"命令。

【例 10-21】 绘制图 10-38 所示的剖切效果。

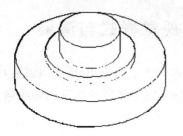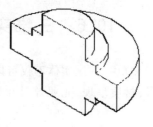

图 10-38 剖切效果图

具体操作如下。

选择"修改"→"三维操作"→"剖切"命令,命令行窗口中提示如下。

选择要剖切的对象: //确定剖切对象
指定 切面 的起点或[平面对象(O)/曲面(S)/Z 轴(Z)/视图(V)/XY(XY)/YZ(YZ)/ZX(ZX)/三点(3)]
<三点>:   //确定剖切面,默认三点指定面
             //也可选择其他参数确定剖切面
指定平面上的第一个点: //确定剖切面第一点
1 指定平面上的第二个点: //确定剖切面第二点
指定平面上的第三个点: //确定剖切面第三点
在所需的侧面上指定点或[保留两个侧面(B)]<保留两个侧面>: //确定要保留的剖切部分

8．对齐

对齐是将指定的对象以某个对象为基准进行对齐。对齐的命令是 ALIGN,或者选择"修改"→"三维操作"→"三维对齐"命令。

【例 10-22】 完成图 10-39 所示的对齐效果。

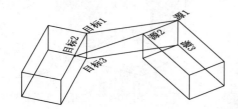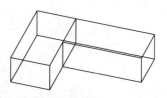

图 10-39 对齐效果图

具体操作如下。

"修改"→"三维操作"→"三维对齐",命令行窗口中提示如下。

选择对象:	//选择要改变位置的对象
指定基点或[复制(C)]:	//确定要改变位置对象的第一点
指定第二个点或[继续(C)]<C>:	//确定要改变位置对象的第二点
指定第三个点或[继续(C)]<C>:	//确定要改变位置对象的第三点
指定目标平面和方向…	
指定第一个目标点:	//确定目标对象与改变位置对象相接的第一点
指定第二个目标点或[退出(X)]<X>:	//确定目标对象与改变位置对象相接的第二点
指定第三个目标点或[退出(X)]<X>:	//确定目标对象与改变位置对象相接的第三点

10.6　三维实体的视觉样式与渲染

在 AutoCAD 中,三维实体不仅可以通过着色的方式显示出来,还可以通过渲染方式表现出明暗色彩、材质呈现、光照效果和场景搭配等,以形成照片级真实感图像,更贴近现实场景。

1. 三维视觉样式

在 AutoCAD 中创建三维模型时,用户可以通过控制三维模型的显示模式,即三维视觉样式,观察到不同状态下的三维模型。

选择"工具"→"工具栏"→AutoCAD→"视觉样式"命令,打开"视觉样式"工具栏,如图 10-40 所示。

图 10-40　"视觉样式"工具栏

(1) 二维线框

二维线框是指将三维模型通过表示模型边界的直线和曲线以二维形式显示。选择 ⬚ 工具显示实体的二维线框模式,如图 10-41 所示。

(2) 三维线框

三维线框是指将三维模式以三维线框模式显示。选择 ⊗ 工具显示实体的三维线框视觉样式,如图 10-42 所示(从图 10-41 与图 10-42 中可见,二维线框与三维线框视觉样式基本相同,二者唯一的不同在于坐标系图标的区别)。

图 10-41　二维线框样式　　　　　图 10-42　三维线框视觉样式

(3) 三维隐藏视觉样式

三维隐藏是指将三维模型以三维线框的模式显示,但不显示隐藏线,三维隐藏又称为消隐。选择 ⊗ 工具显示实体的三维隐藏视觉样式,如图 10-43 所示。

（4）真实视觉样式

真实视觉样式是指将三维模型实现体着色，并显示出三维线框。选择 ⬤ 工具显示实体的真实视觉样式，如图10-44所示。

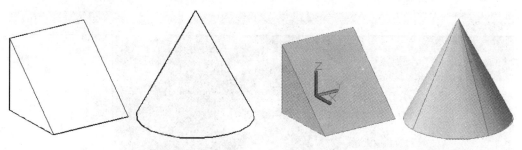

图10-43　三维隐藏视觉样式　　　　图10-44　真实视觉样式

（5）概念视觉样式

概念视觉样式是指将三维模型以概念形式显示。选择 ⬤ 工具显示实体的概念视觉样式，如图10-45所示。

2．渲染

渲染是将三维对象表现出明暗色彩和光照效果，从而获得更为形象逼真的图像，更贴近现实。此外，用户还可以对渲染进行如光源、材质、背景和场景等的设置，实现照片级真实感的图像效果。

选择"工具"→"工具栏"→AutoCAD→"渲染"命令，打开"渲染命令"工具栏，如图10-46所示。

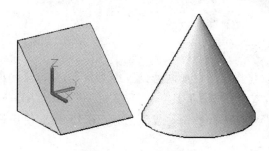

图10-45　概念视觉样式　　　　图10-46　"渲染"工具栏

（1）着色

着色是指对三维实体进行一些简单的色彩和阴影处理。着色的命令是SHADEMODE，命令行窗口中提示如下。

输入选项[二维线框(2)/线框(W)/隐藏(H)/真实(R)/概念(C)/着色(S)/带边缘着色(E)/灰度(G)/勾画(SH)/X射线(X)/其他(O)]<真实>：　//选择不同参数，设置不同着色效果

（2）渲染

渲染是用于创建表面模型或实体模型的照片级真实感着色图像。渲染的命令是RENDER，或者选择"工具"→"工具栏"→AutoCAD→"渲染"命令，打开"渲染"工具栏，选择

工具,弹出"渲染"窗口(图 10-47),展示渲染效果。如需对渲染参数进行设置,用户需选择渲染工具栏中的 工具,打开"高级渲染设置"面板(图 10-48),实现"常规"、"光线跟踪"、"间接发光"、"诊断"和"处理"等选项的设置。

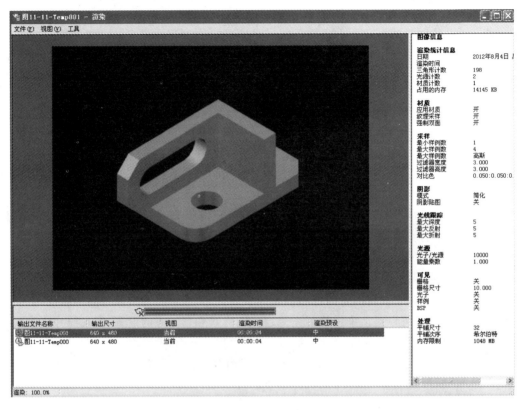

图 10-47　"渲染"窗口

（3）材质

为了增强渲染效果的真实感,用户可以将指定的材质附着到三维对象上,使渲染图像具有材质效果。设置材质的命令是 RMAT,或者选择"工具"→"工具栏"→AutoCAD→"渲染"命令,打开"渲染"工具栏,选择 工具,打开"材质浏览器"面板(图 10-49),使用该面板,用户可以为每个对象设置不同的材质。

（4）光源

在对场景进行渲染时,光源的设置尤为重要,它将直接影响渲染的效果。常用的光源有三种:点光源、聚光灯和平行光。点光源是从光源处向四周辐射的光源,其效果类似于一般的灯泡照明;聚光灯是从一点沿锥形向一个方向发射的光,聚光灯的强度会随着距离的增加而衰减,它与舞台上用的聚光灯、汽车前灯等效果相同;平行光是在一个方向上发射平行光束,无论距离多远,发射光都保持恒定的强度,它就相当于太阳光的效果。

设置光源的命令是 LIGHT,或者选择"渲染"工具栏上的 工具,还可以选择"工具"→"工具栏"→AutoCAD→"光源"命令,打开"光源"工具栏(图 10-50),用户可以选择所需的光源进行设置。

图 10-48　"高级渲染设置"面板

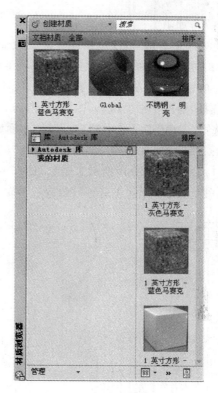

图 10-49　"材质浏览器"面板

（5）背景

在渲染对象时，用户还可以设置渲染的背景，一般的背景包括采用固定颜色、采用渐变色状态分布或者采用保存在文件中的图像作为渲染背景。设置背景之前，需要的先将"渲染环境"选项中的"雾化背景"选项处于开启状态，再执行 BACKGROUND 命令，在打开的"背景"对话框（图 10-51）中实现背景的设置。

图 10-50　"光源"工具栏

【例 10-23】　渲染实例，台灯的绘制，如图 10-52 所示。

图 10-51　"背景"对话框

图 10-52　台灯渲染效果图

具体操作如下。

① 首先绘制灯泡,灯泡的绘制方法比较简单,其中灯泡的玻璃部分采用由平面图形旋转成曲面的方法来绘制,灯口部分则由旋转生成实体即可,具体绘制过程如下。

a. 在前视图中绘制灯泡的平面图形,尺寸和样式如图 10-53 所示。

b. 选择"绘图"→"面域"命令,将灯泡的灯口部分创建为面域。

c. 选择"建模"工具栏中的 🔘 工具,将面域 1 和面域 2 以竖直方向的直线为轴,旋转生成灯泡的灯口。

d. 灯泡的玻璃部分用曲面来绘制,选择"绘图"→"建模"→"网格"→"旋转网格"命令,以样条曲线为旋转对象,竖直方向的直线为轴,旋转生成图 10-54 所示的灯泡样式。

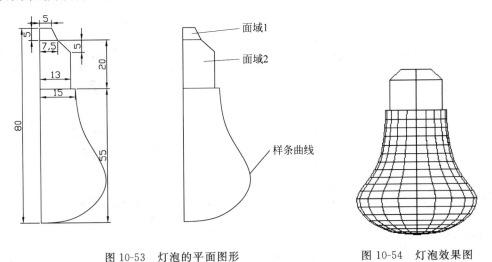

图 10-53　灯泡的平面图形　　　　　　　图 10-54　灯泡效果图

② 其次绘制台灯主体,台灯主体包括灯罩、灯柱和灯座等几个部分,同样的方法绘制出平面部分,然后根据需要旋转成三维实体或三维曲面。

a. 在前视图中参照图 10-55 所示的尺寸绘制台灯主体的平面图形。

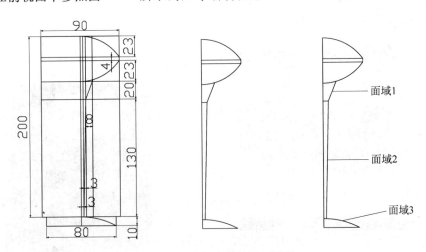

图 10-55　台灯主体的平面图形

b. 选择"绘图"→"面域"命令,将台灯主体的灯柱和灯座部分创建为面域。

c. 选择"建模"工具栏中的 工具,将面域1、面域2和面域3以竖直方向的直线为轴,旋转生成台灯主体的灯柱和灯座。

d. 灯罩的玻璃部分用曲面来绘制,选择"绘图"→"建模"→"网格"→"旋转网格"命令,旋转生成如图10-56的台灯主体样式。

③ 新建两个图层,将台灯主体和灯泡分别归入相应的图层中,选择"修改"→"缩放"命令,把台灯主体放大2.5倍,再把灯泡旋转180°,使其玻璃部分朝上,安装到灯罩内的合适位置,完成整个台灯的绘制,如图10-57所示。

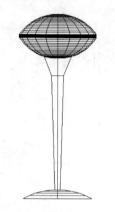　　　　　　　　　　

　　　图 10-56　台灯主体效果图　　　　　　图 10-57　台灯整体效果图

④ 绘制一个长方体作为放置台灯的桌面,选择 工具,打开"材质"面板,添加需要使用的材质,附着给不同的物品,桌面附着选择木材中的"白色橡木-天然中光泽"选项,灯罩附着选择玻璃中的"波纹-白色"选项,灯泡附着选择玻璃中的"波纹-中蓝色"选项,灯口附着选择金属-钢中的"半抛光"选项,灯柱附着选择木材中的"红木-深色着色抛光实心1"选项,最后灯座附着选择陶瓷-瓷器中的"冰白色"选项。

⑤ 选择 工具,设置灯泡的点光源效果。

⑥ 选择 工具,渲染生成最终的效果。

10.7　本　章　小　结

本章重点讲解三维图形、三维曲面和三维实体的绘制方法和技巧,并详细介绍了三维实体的编辑和三维实体的渲染。通过本章的学习,用户能够熟悉三维工具栏的使用,掌握三维图形、三维曲面、三维实体的绘制和编辑方法以及如何利用三维视觉样式和渲染表现三维对象自身的材质属性、光照效果等。与绘制二维基本图形一样,单纯的三维基本模型并不能完全满足绘图的需要,像复杂零件图形、建筑物效果图等,用基本三维实体根本无法实现,只有与三维编辑功能结合在一起,才能创建出复杂的、有实际意义的模型,如轴承实体、小区楼房、齿轮等。用户还可以充分利用渲染功能,从而得到更接近真实的三维效果图。

10.8　课后实训

1. 绘制图 10-58 所示的书桌效果,其中桌腿的长和宽均为 4,抽屉的大小可任意设置,保证美观即可。

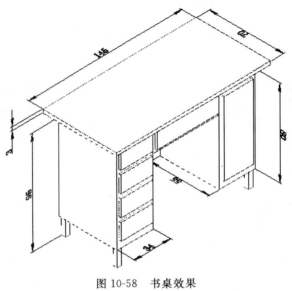

图 10-58　书桌效果

2. 创建滑座,尺寸如图 10-59 所示。

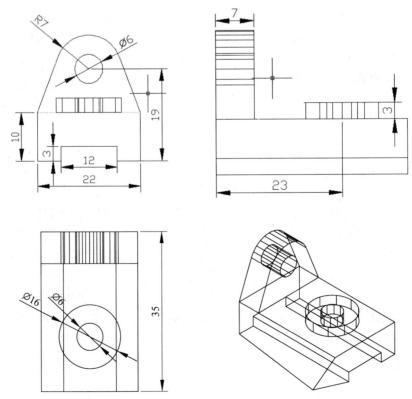

图 10-59　滑座

3. 创建回转体,它由一个面域绕一轴线旋转而成,剖面样式和尺寸如图 10-60 所示。

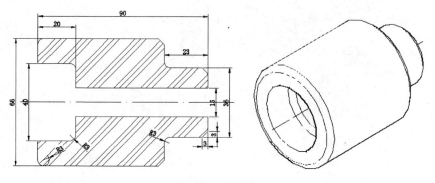

图 10-60 回旋体

4. 绘制图 10-61 所示的零件图。

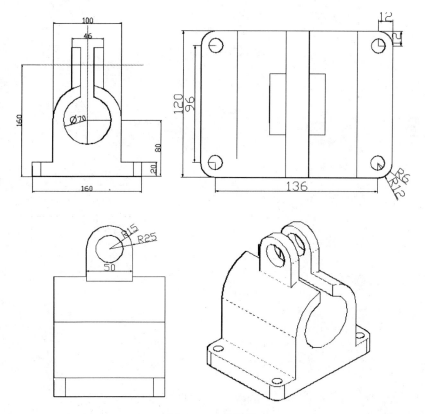

图 10-61 零件图

5. 绘制图 10-62 所示图形。

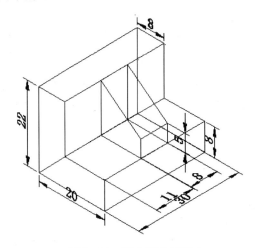

图 10-62　题 5 所绘图形

第11章　三维制图实例

教学目标：

　　本章重点讲解复杂三维建筑模型和机械模型的绘制方法和技巧。通过本章的学习，读者能够掌握建筑室外效果图和三维机械零件图的绘制流程，培养综合绘图能力，从而提高三维绘图水平。

11.1　绘制建筑室外效果图

　　建筑物的结构比较复杂，当绘制三维建筑模型时，用户需将建筑物分解成几部分，按照一定的顺序来绘制。例如接下来要绘制的教学楼（图 11-1），就可以把它分成主楼、副楼和主楼顶的阁楼三部分分别进行绘制。

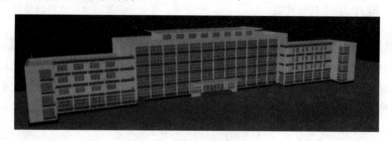

图 11-1　教学楼效果图

1. 绘制主楼

　　首先分析一下主楼的结构，可以划分为柱、楼板、外墙、门和窗等几部分，遵循先轮廓后细节的顺序进行绘制，先绘制主楼框架，再绘制门窗等。

　　（1）绘制主楼的主体

　　主楼的框架由外墙、楼板和柱子构成。

　　① 选择"图层"工具栏中的"图层特性管理器"工具，新建一个图层命名为"轴线"，颜色设置为"红色"，且设置为"当前"。在俯视图中，选择"直线"工具绘制出图 11-2 所示的轴线，将轴线图层上锁，以便后面

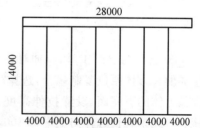

图 11-2　主楼的轴线

使用。

② 绘制主楼外墙，新建图层"外墙"，设置为当前。在俯视图中，选择"矩形"工具，绘制一个 56000×14000 的矩形，与轴线的外轮廓重合。

③ 选择"偏移"工具，设置偏移距离为 240，将绘制的大矩形向内侧偏移。

④ 将绘制完成的两个矩形分别拉伸 16500，生成两个长方体。选择"差集"工具，用大长方体减去小长方体，得到墙的实体，效果如图 11-3 所示。

⑤ 绘制主楼楼板，新建图层"楼板"，设置为"当前"，同时将"外墙"图层关闭。在俯视图中，沿轴线边界再绘制一个 56000×14000 的矩形，作为楼板的平面投影。选择"拉伸"工具，将楼板拉伸 100 的高度。

⑥ 切换到前视图中，选择"阵列"工具绘制其他的楼板，选择楼板为阵列对象，设置阵列为"6 行 1 列"，行间距为 3000，效果如图 11-4 所示。

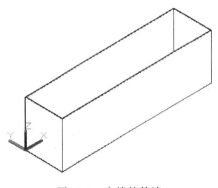
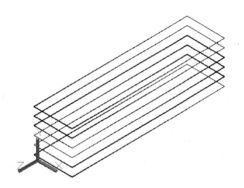

图 11-3　主楼的外墙　　　　　　　　图 11-4　主楼的楼板

⑦ 绘制主楼柱子，新建图层"柱"，设置为"当前"，将"楼板"层关闭。在俯视图中，绘制一个 300×600 的矩形，作为柱子，把它放在从左边数第二根竖向轴线与水平轴线的交点处，矩形的中心与交点重合。选择"镜像"工具，复制出另一根柱子，放在右边第二根轴线处。以左边柱子左上角点位起点，右边柱子右下角点位终点，绘制矩形，如图 11-5 所示。

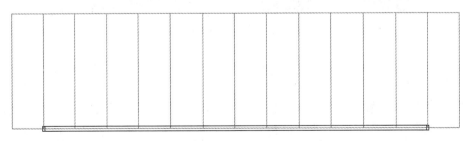

图 11-5　柱子和大矩形

⑧ 选择"拉伸"工具，拉伸对象为柱子和大矩形，设置拉伸高度为 15000。再将矩形拉伸生成的长方体原位复制一个，选择"实体编辑"工具栏中的"拉伸面"工具，在仰视图中，选择大长方体的下底面，设置拉伸高度为 −14700，将重合的一个长方体压缩成一个条状长方体。将此条状长方体向上平移 300，与柱子构成一个外框。

⑨ 将"外墙"图层打开，选择"差集"工具，从外墙中减去板状长方体，效果如图 11-6 所示。

⑩ 在前视图中,选择"阵列"工具,选择柱为阵列对象,设置阵列为"1 行 13 列",列间距为 4000。打开"楼板"图层,可以看到主楼的基本轮廓,效果如图 11-7 所示。

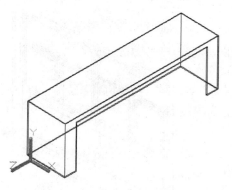

图 11-6　从外墙中减去长方体

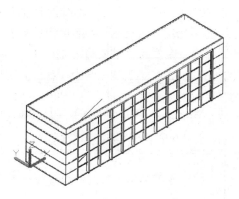

图 11-7　主楼的基本轮廓

（2）绘制主楼的窗

窗作为建筑物的主要细节内容,它包括窗框、窗下砖墙、遮阳板以及窗玻璃等几部分。

① 新建图层"窗",在前视图中,选择"直线"、"矩形"、"复制"和"修剪"等工具,绘制图 11-8 所示的平面图形。

② 再新建"遮阳板"、"窗框"和"红砖墙"3 个图层,并先将"红砖墙"图层设置为"当前",将红砖墙创建为面域,选择"拉伸"工具,拉伸红砖墙面域,拉伸高度为 240,生成红砖墙实体。使用同样的方法,切换到"遮阳板"图层,创建遮阳板面域,拉伸该面域,拉伸高度为 540。设置"窗框"图层为"当前",创建面域,拉伸高度为 240。

③ 选择"差集"工具,用构成窗框的大长方体减去小长方体,效果如图 11-9 所示。

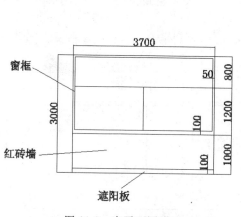

图 11-8　窗平面图形

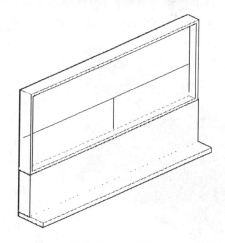

图 11-9　窗框效果

④ 关闭"窗框"图层,新建两个图层"玻璃"和"铝合金框",设置"铝合金框"图层为"当前"。在前视图中,选择"直线"、"复制"、"偏移"和"修剪"等工具,绘制图 11-10 所示尺寸的铝合金框的左半部分,铝合金框的宽度为 50。

⑤ 将铝合金框左半部分生成 4 个面域,选择"拉伸"工具,将 4 个面域拉伸生成实体,拉

伸高度为100。选择"差集"工具,将拉伸出的4个实体减成3个铝合金框实体。选择"镜像"工具,生成铝合金框右半部分,效果如图11-11所示。

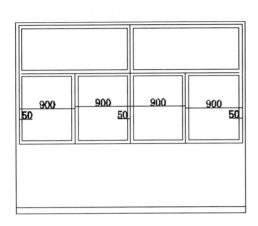

图 11-10　铝合金框左半部分

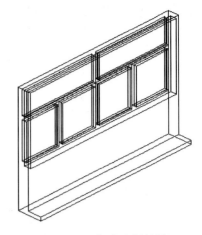

图 11-11　铝合金框效果

　　⑥ 关闭"铝合金框"图层,将"玻璃"层设置为当前,沿窗框内侧,绘制一个矩形。选择"拉伸"工具,将矩形拉伸高度设为10,作为玻璃。

　　⑦ 打开"铝合金框"层,在右视图中,选择"移动"工具,将玻璃移至铝合金框中间,再将铝合金框和玻璃移动到红砖墙中间。

　　⑧ 将关闭的图层全部打开,把窗的所有部件组合在一起,完成窗的绘制,效果如图11-12所示。

　　(3) 绘制主楼的门

　　门的组成与窗类似,包括铝合金框、门框和玻璃三部分。

　　① 新建"门"图层,在前视图中,按照图11-13所示尺寸绘制正门的平面图形。

图 11-12　主楼的窗

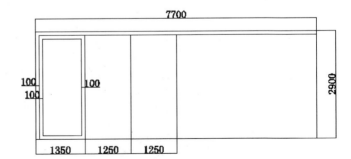

图 11-13　主楼门的平面图

　　② 将门框和铝合金框创建为面域,选择"拉伸"工具,门框拉伸高度为240,铝合金框拉伸高度为100。选择"差集"工具,用拉伸后的铝合金框的大长方体减去小长方体,效果如图11-14所示。

③ 将拉伸出的门框归入"窗框"图层,铝合金框归入"铝合金框"图层,并将这两个图层关闭。

④ 设置"玻璃"图层为"当前",沿门框内侧绘制一个矩形,作为玻璃,选择"拉伸"工具,拉伸高度为10。打开"窗框"和"铝合金框"图层,将玻璃移至铝合金框中间,再将玻璃和铝合金框移至门框中间。

⑤ 在前视图中,选择"阵列"工具,选择铝合金框为阵列对象,设置阵列为"1 行 6 列",列间距为1250,生成其他的铝合金框,完成门的绘制,并将门创建成块,效果如图 11-15 所示。

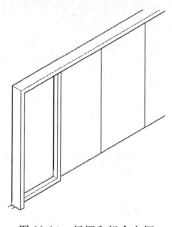

图 11-14 门框和铝合金框

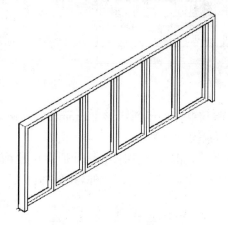

图 11-15 门的效果图

⑥ 在前视图中,找到对称中心的柱子,选择"拉伸面"工具,拉伸此柱子的底面,拉伸高度为−3000,将门口中间的柱子打开,安装门。

⑦ 选择"移动"工具,以门框左下侧角点为基点,柱与楼板交点为目标点,把门安装到楼的主体上。再选择前视图,将门向上平移100,完成门的组装,效果如图 11-16 所示。

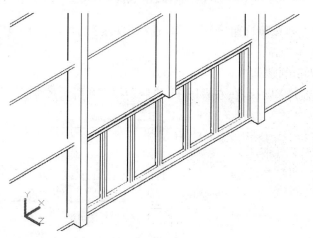

图 11-16 安装门到主楼上

(4) 绘制主楼入口的雨棚

入口雨棚是建筑物门的组成部分,这里设计的雨棚由遮阳棚和大理石装饰面两部分组成。

① 新建"入口雨棚"图层,设置为"当前",在前视图中,绘制图 11-17 所示尺寸的平面图形。

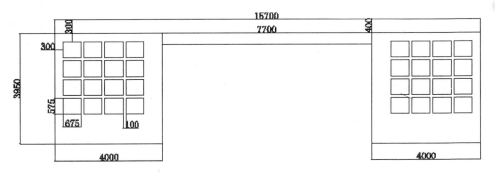

图 11-17　入口雨棚平面图形

② 将绘制完的平面图形生成面域后拉伸,拉伸高度为 300。选择"差集"工具,将其中的小长方体减去。

③ 在俯视图中,按照图 11-18 所示尺寸绘制平面图形,作为遮阳棚。选择"面域"工具,将图形生成面域,然后进行拉伸,拉伸的高度为 400。

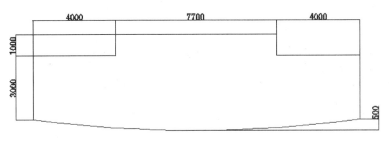

图 11-18　雨棚遮阳棚的平面图

④ 将遮阳棚和大理石装饰组合到一起,选择"并集"工具,合为一体。效果如图 11-19 所示。

（5）绘制主楼入口的楼梯

① 新建"入口楼梯"图层,在左视图中,绘制图 11-20 所示尺寸的平面图形。

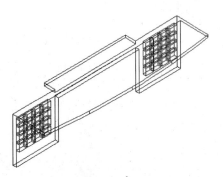

图 11-19　入口雨棚效果图

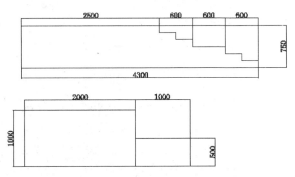

图 11-20　入口楼梯和花池平面图

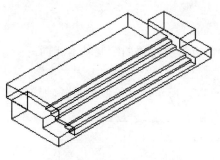

图 11-21 主楼入口楼梯

② 将平面图形转换为面域,选择"拉伸"工具,进行拉伸,楼梯拉伸高度为 7700,花池拉伸高度为 1000。

③ 选择"复制"工具,复制出另一个花池,将两个花池分别放在楼梯两侧。效果如图 11-21 所示。

(6)绘制主楼的墙裙

① 新建"墙裙"图层,在俯视图中,沿轴线外边界绘制一个 56000×14000 的矩形,选择"偏移"工具,设置偏移的距离为 300,将矩形向外偏移,得到一个大矩形,如图 11-22 所示。

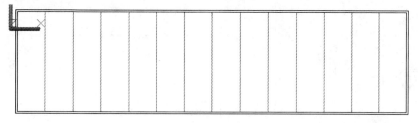

图 11-22 主楼的墙裙

② 选择"拉伸"工具,将两个矩形拉伸,拉伸的高度为 750。选择"差集"工具,用大长方体减去小长方体,得到墙裙的实体。

③ 在前视图中,将墙裙向下平移 750,完成墙裙绘制。

(7)主楼的组合

① 选择"移动"工具,将主楼的各个部分组合到一起。效果如图 11-23 所示。

② 将窗定义为块,作为整体插入到主楼位于一层地面楼板之上的两个柱子之间。

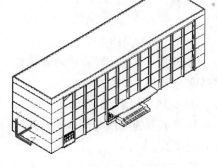

图 11-23 主楼效果图

③ 在前视图中,选择"阵列"工具,将窗作为阵列对象,设置阵列为"4 行 12 列",行间距为 3000,列间距为 4000。将第一层中间与门重合的两个窗删除,完成主楼的绘制。效果如图 11-24 所示。

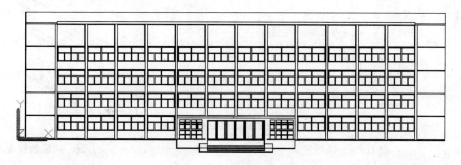

图 11-24 主楼的立面图

2. 绘制副楼

副楼也包括外墙、楼板、柱、窗、楼梯和墙裙等,绘制方法与主楼的绘制基本相同。

(1) 绘制副楼的外墙、楼板和柱

① 设置"轴线"层为"当前",在俯视图中,按照图 11-25 所示尺寸绘制副楼的轴线。

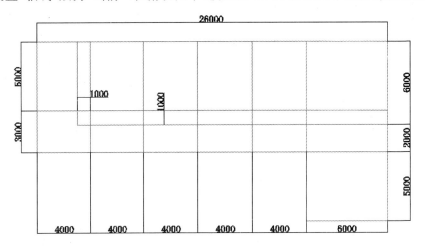

图 11-25　副楼的轴线

② 将"外墙"层设置为"当前",选择"直线"工具,沿着轴线进行绘制,然后向内侧偏移 240,修剪多余的部分,完成外墙平面投影的绘制。使用同样的方法绘制内墙线,内墙的厚度 也为 240。效果如图 11-26 所示。

③ 选择"面域"工具,将内外墙线生成面域。再选择"拉伸"工具,对面域进行拉伸,拉伸 的高度分别为 12000 和 13000。

④ 关闭"外墙"层,设置"楼板"层为"当前",沿轴线外围绘制一个封闭区域,作为楼板, 左侧和左下方的墙线与轴线的距离为 150。选择"面域"工具,将楼板生成面域,然后拉伸, 拉伸高度为 250。

⑤ 在前视图中,选择"阵列"工具,对楼板进行 5 行 1 列的阵列,行间距为 3000,完成其 他楼板的绘制,效果如图 11-27 所示。

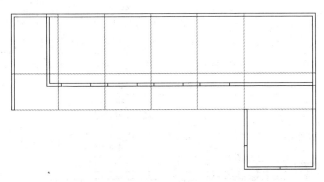

图 11-26　墙线效果

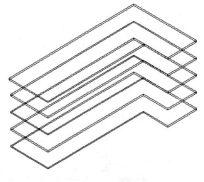

图 11-27　副楼的楼板

⑥ 选择"拉伸面"工具,将顶层楼板的两个侧面拉长,作为顶层的遮阳棚,拉伸的距离为300。

⑦ 关闭"楼板"层,设置"柱"层为"当前",在俯视图中,绘制一个300×600的矩形,移动矩形,使其中心与轴线的交点重合。选择"拉伸"工具,拉伸矩形的高度为12000。选择"阵列"工具,选择柱子为阵列对象,设置阵列为"1行6列",列间距为4000,效果如图11-28所示。

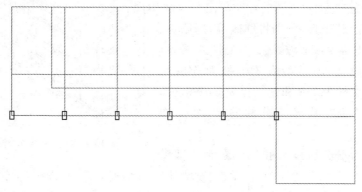

图11-28 副楼的柱子

（2）绘制副楼的外廊栏板和窗

副楼是外廊式建筑,需要绘制外廊栏板,副楼的窗也分为室内窗和转角窗两种。

① 关闭"柱"层,将"红砖墙"层设为"当前",在俯视图中,绘制红砖墙栏板,厚度也为240,将其生成面域,拉伸高度为900。效果如图11-29所示。

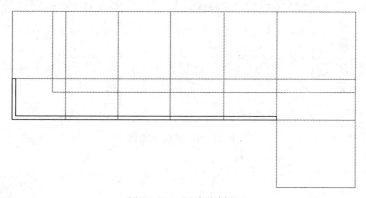

图11-29 红砖墙栏板

② 关闭"红砖墙"层,将"窗框"层设为"当前",绘制一个封闭平面图形如图11-30所示,将该图形转换为面域,选择"拉伸"工具,拉伸高度设为100。在前视图中,将其向上平移900,作为红砖墙的上沿。

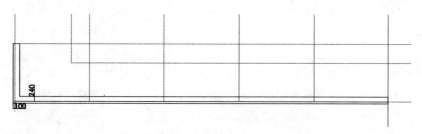

图11-30 红砖墙上沿

③ 在前视图中,对栏板进行阵列,设置阵列为"5 行 1 列",行间距为 3000,完成副楼栏板的绘制,效果如图 11-31 所示。

④ 在前视图中,绘制图 11-32 所示尺寸的窗的平面图形。

⑤ 选择"面域"工具,分别将红砖墙、遮阳板、窗框和铝合金框等生成面域,选择"拉伸"工具,拉伸的高度分别设置:红砖墙为 240、柱为 240、墙沿为 340、铝合金框为 100 和遮阳板为 540。选择"差集"工具,分别生成各部分的实体,效果如图 11-33 所示。

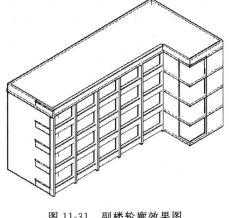

图 11-31　副楼轮廓效果图

⑥ 将上述部分分别归入相应图层,其中墙沿归入"窗框"层,将这几个图层关闭,设置"玻璃"层为"当前",在前视图中,沿铝合金框内框绘制矩形,拉伸其厚度为 10,作为玻璃,并将玻璃放置到铝合金框中间。在俯视图中,将厚度为 2000 的窗旋转-90°,和大窗组合在一起,完成一个转角窗的绘制,如图 11-34 所示。

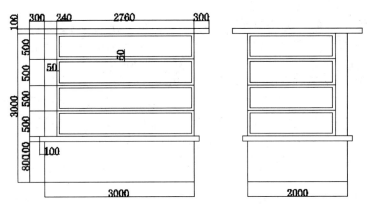

图 11-32　窗的平面图

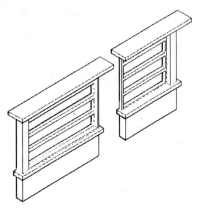

图 11-33　窗拉伸后的效果

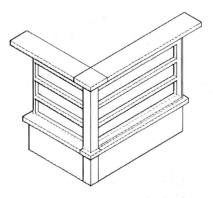

图 11-34　副楼的转角窗

绘制室内窗,在前视图中,绘制图 11-35 所示尺寸的平面图形。

⑦ 使用同样的方法生成面域,拉伸高度分别设置:窗框为 240 和铝合金框为 100。绘制玻璃,拉伸高度为 10,放在铝合金框中间,完成室内窗的绘制,效果如图 11-36 所示。

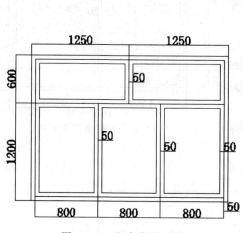

图 11-35 室内窗平面图

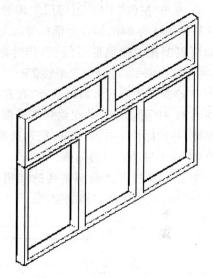

图 11-36 室内窗效果图

⑧ 在左视图中,绘制长方体,尺寸分别为 2000×3000×3000 和 240×1800×2500,将其移动到相应墙面上,室内窗距离地面 1000,位于两轴线中间,转角窗位于一层楼板面上,距离地面 250。选择"阵列"工具,将两个长方体作为阵列对象,阵列到各层的相应位置,选择"差集"工具,从墙体中减掉相应的部分。效果如图 11-37 所示。

⑨ 将绘制好的窗和门等部分插入到楼体中即可,效果如图 11-38 所示。

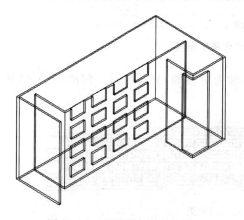

图 11-37 副楼减去窗的效果

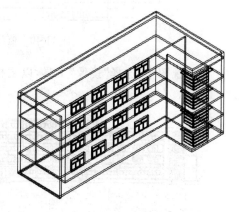

图 11-38 副楼插入窗后的效果

（3）绘制副楼的首层和墙裙

副楼的第一层与主楼的第一层相同,可以直接把主楼底层的窗安装到副楼上,墙裙的绘制也与主楼相同,但副楼左侧有一个小侧门需要单独绘制。

① 删除副楼一层外廊栏板,将主楼的窗复制到副楼一层两根柱子之间,选择"阵列"工

具,绘制出另外 4 个窗。

② 在左视图中,按照图 11-39 所示尺寸绘制一扇门,门框和铝合金框的厚度均为"50"。

③ 选择"拉伸"工具,拉伸门框和铝合金框,门框拉伸高度为 240,铝合金框拉伸高度为 100。移动门到副楼左侧面的空缺处,作为副楼的侧门,再在左视图中,将门向上平移 250。

④ 绘制副楼侧门入口的楼梯,在左视图中,绘制图 11-40 所示尺寸的花池和楼梯侧面图,生成面域,分别拉伸 400 和 2000,把这两部分实体组合到一起,移动到门的侧面。

⑤ 用同样的方法绘制副楼的墙裙,墙裙的高度为 750,完成一侧副楼的绘制。

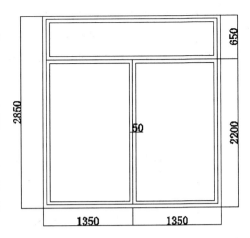

图 11-39　副楼侧门平面图

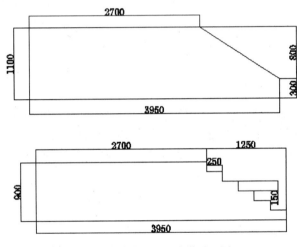

图 11-40　侧门入口楼梯平面图

⑥ 在俯视图中,选择"镜像"工具,以主楼中轴为对称轴,复制出另一侧的副楼,效果如图 11-41 所示。

图 11-41　对称的副楼效果

3．绘制主楼顶的阁楼

阁楼由外墙、屋面板和窗三部分组成,绘制过程比较简单。

(1) 绘制阁楼的外墙和屋面板

① 绘制阁楼的轴线,如图 11-42 所示。

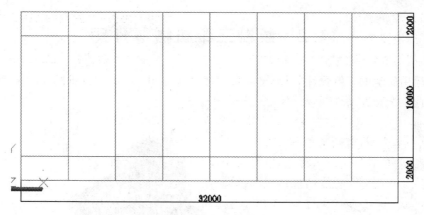

图 11-42　阁楼的轴线

② 沿轴线绘制墙线,墙的厚度为 240,选择"拉伸"工具,拉伸高度为 3000。

③ 绘制阁楼的屋面板,在前视图中,绘制一个 32000×200 的矩形,作为阁楼的屋顶,在矩形两侧用"样条曲线"工具绘制一个长度为 2000 的飞檐,如图 11-43 所示。

④ 将飞檐生成面域,用镜像复制一个在另一端,选择"拉伸"工具,拉伸高度为 12000,完成屋面板的绘制。选择"移动"工具,将屋面板放置到墙顶合适的位置。

⑤ 将墙体归入"外墙"层,屋面板归入"楼板"层。

(2) 绘制阁楼的窗

① 阁楼的窗没有遮阳板和红砖墙,直接绘制与前面室内窗大小一样的长方体,放置到窗的位置,室内窗位置在两轴线正中,与阁楼外墙底的距离为 900。

② 选择"阵列"工具,将长方体矩形作为阵列对象,设置阵列为"1 行 8 列",选择"差集"工具,在墙体上减出 8 个窗洞,复制一个室内窗到窗洞位置,其余的 7 个窗通过阵列来实现,效果如图 11-44 所示。

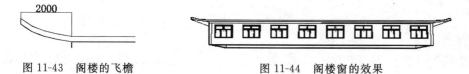

图 11-43　阁楼的飞檐　　　　　　　　　图 11-44　阁楼窗的效果

③ 将阁楼组合在一起形成一个整体,将阁楼移动到主楼顶,完成整个教学楼的绘制。效果如图 11-45 所示。

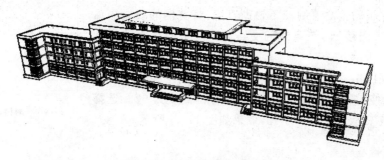

图 11-45　绘制完成的教学楼

11.2 绘制三维机械零件图

综合运用所学的三维命令,绘制复杂的三维机械零件图,本节以钢模实体模型为例,效果如图 11-46 所示。

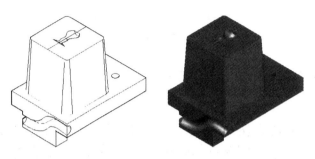

图 11-46 钢模实体模型

1.绘制钢模的基座

(1)绘制底板

① 在俯视图中,绘制一个 70×50 的矩形,选择"拉伸"工具,将矩形拉伸 10,生成长方体实体。使用同样的方法,再绘制一个长、宽、高分别为 10、30、12 的长方体。

② 将两个长方体按照图 11-47 所示,合并为一个整体。

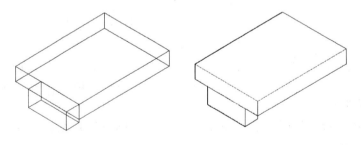

图 11-47 钢模底板

(2)底板打孔

① 沿着底板的上沿绘制三条辅助直线,将宽侧的线向内偏移 12,另外两条偏移 15,三条线的交点即为底板两个小孔的圆心,如图 11-48 所示。

② 在俯视图中,以两个交点为圆心分别绘制半径为 2.5 的小圆,选择"拉伸"工具,拉伸两个小圆,拉伸的高度为 12。选择"差集"工具,将底板减去两个小孔,效果如图 11-49 所示。

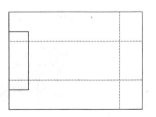

图 11-48 钢模底板辅助线

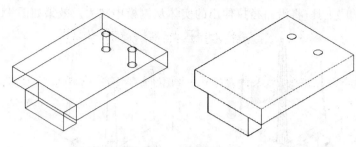

图 11-49　钢模基座

2．绘制钢模的模体

（1）带锥度拉伸

① 创建钢模的模体的底面，在俯视图中，绘制一个 40×40 的矩形，矩形的位置与底板的三条边的距离均为 5。选择"圆角"工具，设置矩形的圆角半径为 5。效果如图 11-50所示。

② 选择"拉伸"工具，设置圆角矩形为拉伸对象，拉伸的高度为 40，倾斜角度为 4，实现下宽上窄的效果，如图 11-51 所示。

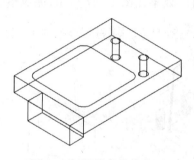

图 11-50　钢模的模体底面

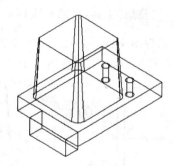

图 11-51　钢模模体

（2）沿路径拉伸

① 在前视图中，以基座左侧竖线的中点为圆心，绘制一个半径为 3.5 的圆，作为拉伸的截面，如图 11-52 所示。

② 在左视图中，按照图 11-53 所示的样式绘制样条曲线，作为拉伸路径。选择"拉伸"工具，设置圆为拉伸对象，沿样条曲线实现拉伸，效果如图 11-54 所示。

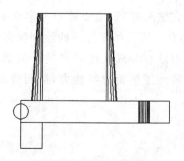

图 11-52　拉伸的圆

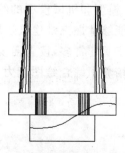

图 11-53　拉伸的路径

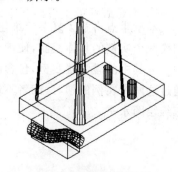

图 11-54　拉伸后的效果

③ 选择"差集"工具,将沿路径拉伸出的实体从钢模中减去。效果如图 11-55 所示。

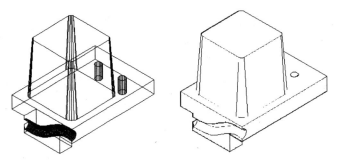

图 11-55　钢模中减掉实体效果图

3．绘制钢模的酒杯凹槽

（1）绘制酒杯截面

在俯视图中,绘制图 11-56 所示的酒杯截面。

（2）绘制酒杯凹槽

① 选择"旋转"工具,以酒杯截面为旋转对象,旋转生成整个酒杯实体。

② 选择"差集"工具,将酒杯实体从钢模中减掉,效果如图 11-57 所示,完成整个钢模的绘制。

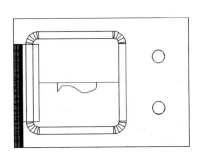

图 11-56　酒杯截面图

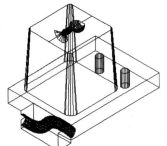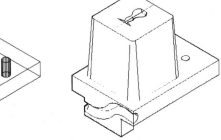

图 11-57　减掉酒杯实体效果图

11.3　本 章 小 结

　　本章重点讲解了复杂三维建筑模型和机械模型的绘制方法和技巧,主要通过教学楼和钢模两个实例的具体绘制,使读者能够掌握三维建筑效果图和三维机械零件图的绘制流程,尤其是其中的教学楼实例,包含的步骤非常多,读者需要把教学楼分成几部分来进行绘制。通过这两个实例的学习,读者不仅培养了综合绘图能力,也锻炼了逻辑思维能力,从而提高三维绘图水平。

附录　AutoCAD快捷键命令大全

1．绘图命令

PO	POINT(点)
L	LINE(直线)
XL	XLINE(射线)
PL	PLINE(多段线)
ML	MLINE(多线)
SPL	SPLINE(样条曲线)
POL	POLYGON(正多边形)
REC	RECTANGLE(矩形)
C	CIRCLE(圆)
A	ARC(圆弧)
DO	DONUT(圆环)
EL	ELLIPSE(椭圆)
REG	REGION(面域)
MT	MTEXT(多行文本)
T	MTEXT(多行文本)
B	BLOCK(块定义)
I	INSERT(插入块)
W	WBLOCK(定义块文件)
DIV	DIVIDE(等分)
H	BHATCH(填充)

2．修改命令

CO	COPY(复制)
MI	MIRROR(镜像)
AR	ARRAY(阵列)
O	OFFSET(偏移)
RO	ROTATE(旋转)
M	MOVE(移动)
E	ERASE(删除)
X	EXPLODE(分解)

续表

TR	TRIM(修剪)
EX	EXTEND(延伸)
S	STRETCH(拉伸)
LEN	LENGTHEN(直线拉长)
SC	SCALE(比例缩放)
BR	BREAK(打断)
CHA	CHAMFER(倒角)
F	FILLET(倒圆角)
PE	PEDIT(多段线编辑)
ED	DDEDIT(修改文本)

3. 视窗缩放

P	PAN(平移)
Z+空格+空格	实时缩放
Z	局部放大
Z+P	返回上一视图
Z+E	显示全图

4. 尺寸标注

DLI	DIMLINEAR(直线标注)
DAL	DIMALIGNED(对齐标注)
DRA	DIMRADIUS(半径标注)
DDI	DIMDIAMETER(直径标注)
DAN	DIMANGULAR(角度标注)
DCE	DIMCENTER(中心标注)
DOR	DIMORDINATE(点标注)
TOL	TOLERANCE(标注形位公差)
LE	QLEADER(快速引出标注)
DBA	DIMBASELINE(基线标注)
DCO	DIMCONTINUE(连续标注)
D	DIMSTYLE(标注样式)
DED	DIMEDIT(编辑标注)
DOV	DIMOVERRIDE(替换标注系统变量)

5. 常用 Ctrl 快捷键

Ctrl+1	PROPERTIES(修改特性)
Ctrl+2	ADCENTER(设计中心)
Ctrl+O	OPEN(打开文件)
Ctrl+N、M	NEW(新建文件)
Ctrl+P	PRINT(打印文件)
Ctrl+S	SAVE(保存文件)

续表

Ctrl＋Z	UNDO(放弃)
Ctrl＋X	CUTCLIP(剪切)
Ctrl＋C	COPYCLIP(复制)
Ctrl＋V	PASTECLIP(粘贴)
Ctrl＋B	SNAP(栅格捕捉)
Ctrl＋F	OSNAP(对象捕捉)
Ctrl＋G	GRID(栅格)
Ctrl＋L	ORTHO(正交)
Ctrl＋W	(对象追踪)
Ctrl＋U	(极轴)

6. 常用功能键

F1	HELP(帮助)
F2	(文本窗口)
F3	OSNAP(对象捕捉)
F4	数字化仪控制
F5	等轴测平面切换
F6	控制状态行上坐标的显示方式
F7	GRIP(栅格)
F8	ORTHO(正交)
F9	栅格捕捉模式控制
F10	极轴模式控制
F11	对象追踪式控制

参 考 文 献

[1] 白剑宇. AutoCAD 设计与实训[M]. 北京：科学出版社,2008.

[2] 刘斌仿. AutoCAD 实用教程[M]. 北京：地质出版社,2006.

[3] 《机械设计手册》联合编写组. 机械设计手册[M]. 北京：化学工业出版社,1982.

[4] 蒋晓. AutoCAD 2007 中文版机械制图实例教程[M]. 北京：清华大学出版社,2007.

[5] 潘苏蓉. AutoCAD 2010 基础教程与应用实例[M]. 北京：机械工业出版社,2010.